Wolfgang Pauls
Die Außerirdischen
Scotland Yard, Band 4

Mit Zeichnungen von
Karin Lechler

Scotland Yard

Die Außerirdischen

Zwei Detektivgeschichten
mit Betty, Benny und Buck Buff
erzählt von
Wolfgang Pauls

Otto Maier Ravensburg

Inhalt

Hinweis für den Leser

Wer den Lauf der Ereignisse, wie er in den beiden Geschichten dieses Bandes geschildert wird, quer durch London »mit dem Finger auf der Landkarte« verfolgen will, der kann das Ravensburger Spiel »Scotland Yard« zur Hand nehmen. Die Codenummern, wie sie dort für alle wichtigen Plätze und Kreuzungen der Londoner City aufgeführt sind, entsprechen dem Geheimcode von Betty, Benny und Buck, der im Buch hinter entsprechenden Ortsangaben in Klammern angegeben ist. Ortsangaben außerhalb Londons sind nicht mit Codenummern versehen, weil sie auf dem Spielplan des Ravensburger »Scotland Yard«-Spiels nicht enthalten sind. Wer die entsprechenden Orte dennoch suchen will, der findet sie sicher schnell in jedem Autoatlas, der eine genaue Straßenkarte von Südengland enthält.

Scotland Yard

Who's Who?

Betty Buff: Nummer 1 der Buff-Drillinge. Computerlady mit sagenhaftem Gedächtnis für alle Codes, mit denen die Drillinge das Londoner Straßennetz überzogen haben (s. Hinweis S. 4). Betty ist die Überlegte, Kühle, Realistische unter den drei Geschwistern, wenn es um die Lösung eines Falls geht. Was sie nicht leiden kann, ist, sich unbedacht in Abenteuer zu stürzen.

Benny Buff: Nummer 2 der Buff-Drillinge. Vom Fahndungsfieber gepackt und manchmal im Eifer des Gefechts nicht aufzuhalten. Handelt meist spontan, begibt sich dadurch aber immer wieder ungewollt in Gefahr. Benny ist mutig und trägt seinen Spitznamen Tarzan zu Recht, aber Mut und sportliche Geschicklichkeit sind nicht alles. Benny ist auch eine absolute Spürnase, wenn es darum geht, einen neuen Fall zu wittern.

Buck Buff: Nummer 3 der Buff-Drillinge. Krasses Gegenteil von seinem Bruder Benny. Möchte am liebsten aussteigen, wenn es gefährlich wird. Weiß aber auch, daß ohne ihn Benny sich in noch wüstere Abenteuer stürzen würde. Zwar ist Buck in Bennys Tarzanaugen ein Schisser und Angsthase, aber in einem Punkt läßt Benny doch nichts auf Bruder Buck kommen: Niemand ist ein größerer Ausreden- und Geschichtenerfinder, und keiner hat Benny so oft aus der Patsche geholfen, wenn es mal wieder nicht angebracht war, die Wahrheit zu sagen.

Betty, Benny und Buck: (zur Begrüßung: Buff! Buff! Buff!) leben nach dem Tod ihrer Eltern bei Großmutter, alias Granny, und Onkel Mac.

Granny: Mutter eines gestreßten Inspektors bei Scotland Yard und Großmutter dreier fahndungssüchtiger Kinder. Versucht, so gut es geht, Ordnung in ihren Großfamilien-Haushalt zu bekommen. Aber wenn ihre Enkel zu lange verschollen bleiben, wittert sie Gefahr im Verzug. Dann läßt sie Ordnung Ordnung und Haushalt Haushalt sein. Um ihre Schützlinge vor der Londoner Unterwelt zu bewahren, ist ihr beinah jedes Mittel recht. Wie ein Löwe fällt sie jeden Gauner an, der ihren Enkeln ein Härchen gekrümmt haben könnte.

Onkel Mac: heißt eigentlich Kriminalinspektor Mac Macintosh und ist ein ganz großes Licht bei Scotland Yard. Er hat schon viele schwierige Fälle gelöst – manche allerdings nur dank der Fahndungshilfe seiner Neffen Benny und Buck und seiner Nichte Betty. Da Onkel Mac – was bei einem so vielbeschäftigten Inspektor nicht wundert – noch immer unverheiratet ist, lebt er bei seiner Mutter, alias Granny, wo auch die Buff-Drillinge wohnen... und gelegentlich in seinen Akten schnüffeln.

Judy: heißt mit Hausnamen Ribb und gehört eigentlich auch schon fast mit zu Grannys verrücktem Haushalt. Sie ist Onkel Macs tatkräftige Freundin, die sich immer für die Schwachen und Opfer einsetzt. Leider ist sie nicht weniger als Onkel Mac und die Buff-Drillinge am Aufspüren von Kriminalfällen interessiert. Denn sie ist mit Leib und Seele Journalistin und stets auf der Jagd nach spannenden Reportagen.

Lord Jickledy: Grannys sprechender Papagei, der leider manchmal zuviel aus der Welt der Kriminalistik aufschnappt und immer wieder Bruchstücke dieses Sprachschatzes zum besten gibt.

Kriminalassistent Baxter: Zweiter Mann im Office von Inspektor Mac Macintosh. Ist immer im rechten Moment zur Stelle und völlig vertraut mit dem komplizierten Kriminalisten-Familienclan seines Chefs.

Die Außerirdischen

Die Kugelköpfe

Der Typ sah irre aus. Ein Hosenträgerfan. Ein Hosenträgerfreak. Ein Hosenträgerfanatiker: Mindestens sieben Exemplare dieses altehrwürdigen Beinkleidhalters hatte er an seine überdimensionale Schlabberhose geklammert oder geknöpft: Hosenträger aller Farben, aus Leder, Gummi, Plastik, Wolle, einer sogar aus meterlang aneinanderhängenden Büroklammern. Aber noch verrückter war die Botschaft, die er in der Nordostecke des Hyde Parks, Speaker's Corner genannt, von einer Holzkiste herab seinen Zuhörern verkündete: »Eins sag ich euch, Freunde des praktischen, Freunde des schönen, Freunde des außergewöhnlichen Kleidungsstücks: Alles habe ich probiert. Alles. Aber nichts, wirklich nichts geht über den guten alten Gummizughosenträger als erstes und letztes Kleidungsstück ebenso wie als federnde Angel- oder auch Drachenschnur, als Abschleppseil für Maikäferfänger, als Besenstiel-Flitzbogen-Sehnenbespannung, ja, überhaupt als universales, unübertroffen brauchbares Supertrooper-Kleidungsstück für alle Zeiten und jedermann und jede Frau.«

Anstatt über die Sprüche des Hosenträgermenschen zu lachen, zog Buck die Stirn kraus und murmelte mit sorgenvollem Unterton: »Hört sich echt schlimm an.«

»Schlimm?« fragte Bruder Benny, der mit seinen

Geschwistern und Lord Jickledy durch den Park stiefelte. »Ich find den Typ ganz lustig.«

»Unsinn. Jickledy mein ich«, war die knappe Antwort. Und wie zur Bestätigung von Bucks Bemerkung ließ der Papagei zum zweiten Mal innerhalb einer Minute sein heiser krächzendes Husten hören: so gequält leise, daß es im Gelächter, mit dem die Hyde-Park-Bummler den urigen Redner ermunterten, beinahe unterging.

Betty strich dem erkälteten Vogel auf ihrer Schulter liebevoll übers Gefieder und nickte Buck zu: »Stimmt. Hier ist schlechtere Luft als in der Craven Road. Der Zigarettenqualm ist bestimmt nicht das richtige für seine angeschlagenen Stimmbänder.«

»Schlag, schlag, schlag zu!« wollte Lord Jickledy kreischen, aber es wude nur ein Mückenhusten daraus, das aus den Tiefen einer leeren Keksdose zu kommen schien.

Benny zuckte die Schultern. »Okay, so interessant ist das Hosenträgergesülze ja nun auch nicht«, und legte einen Schritt zu.

Aber nun war es Betty, die Jickledys Leiden vergaß. »Guckt mal, der da!« rief sie und blieb stehen.

Zehn Meter neben dem Hosenträgerpropheten erklomm ein kugelköpfiger Nachthemdträger ein zweites Kistenpodest. Ein weites, weißes Gewand wallte von seinen Schultern herab, während der Kopf des seltsamen Zeitgenossen in einer stoffbespannten, mit Augen-, Nasen- und Mundlöchern versehenen Kugel steckte.

»Irre, der Typ!« fand auch Buck. »Sieht aus wie einer vom Ku-kuck-wahn, oder wie das heißt.«

»Ku-Klux-Klan«, verbesserte Betty ihren Bruder und stellte auf eindrucksvolle Weise unter Beweis, daß Benny sie nicht umsonst Lexikonlady nannte: »Die Mitglieder vom Ku-Klux-Klan haben aber spitze Kapuzen auf.«

Benny verstand wieder mal Bahnhof. »Und was soll das sein, dieser Ku-Dings-Kahn?« knurrte er, während er neugierig den Kugelkopf beobachtete, der beschwörend die Arme ausbreitete und darauf zu warten schien, daß den Leuten die Hosenträger-Tiraden seines Nebenredners langweilig würden.

»Das ist so 'ne Art terroristische Sekte in den USA«, spulte Betty ihr Wissen ab. »Wenn ich das richtig erinnere, würden die die Schwarzen am liebsten immer noch als Sklaven halten.«

Benny spuckte in hohem Bogen seinen Kaugummi ins Gebüsch. »Blöde Typen! Kommt, gehn wir!«

Betty und Buck wollten sich eben ihrem Bruder anschließen, da hielt sie eine durchdringende, priesterhaft beschwörende Stimme auf. »Hört mich an, Erdenbrüder! Hört mich an, Ihr Erdenschwestern!« schallte es dumpf und doch klar und deutlich zu verstehen aus dem Kugelkopf. »Die jungen Menschen werden sterben.«

»Vor Schreck, wenn sie dich sehen!« rief jemand dazwischen. Doch niemand lachte darüber. Irgend etwas schwang in der Stimme des Verkleideten mit, etwas Ernstes, ja, Verzweifeltes, das selbst diejenigen seiner Zuhörer verstummen ließ, die zu Speaker's Corner gepilgert waren, um sich zu amüsieren.

»Zuerst wird ihr Tod ein seelischer sein«, fuhr der Redner unbeirrt fort. »Ein Tod beginnend in Marylebone, im Hause der Weltenerforschung. Sie werden ihr Ich aufgeben. Ihre Seele verkaufen an die Außerirdischen, denn sie werden nicht wirklich werden wie sie.«

»O nein, sie werden werden wie du!« versuchte der Zwischenrufer noch mal sein Glück. Vergeblich. Immer mehr Hyde-Park-Bummler blieben stehen und folgten gebannt den Worten des ungewöhnlichen Predigers.

Nun ballte der Kugelkopf die erhobenen Fäuste und rief mit bebender Stimme: »Die Sternenmenschen werden die Gefühle der Jungen und Mädchen verschlingen. Werden sie ihres Geistes berauben. Werden sie blind und taub werden lassen für das Gute im Menschen, für die Liebe. Blind und taub für die Erhaltung der Menschheit und der Welt.«

Während Benny und Buck den seltsamen Ausführungen des Mannes mit wachsendem Interesse folgten, hatte Betty genug gehört. »Der ist ja schlimmer als 'n Staubsaugervertreter. Mensch, laßt euch doch nicht hypnotisieren!« schimpfte sie.

Und als Lord Jickledy wieder husten mußte, sahen auch die Jungen ein, daß es richtiger wäre, nach Hause zu gehen – auch wenn sie mit halbem Ohr weiter den Beschwörungen des Kugelkopfes lauschten: »Dann werden die jungen Erdenbürger, die Hoffnungsträger dieser Welt, körperlich sterben. Sie werden zerfallen. Von Drogen zerfressen, von tödlichen Kämpfen zerfetzt, von der Justiz eures Staates verfolgt, gerichtet, hinter Gittern gefangengehalten. Und trotz allem werden sie schweigen. Schweigen, schweigen, schweigen, schweigen.«

Niemand klatschte, niemand sagte oder rief etwas.

Buck drehte sich nach dem Redner um und murmelte mit einem leichten Schaudern in der Stimme: »Unheimlich.«

»Nee, also, was du alles unheimlich findest!« Benny lachte laut auf. »Paß bloß auf: Gleich schwebt der Kugeltyp in seinem weißen Kittel heran und *packt* dich!« – und beim *»packt«* griff er seinem Drillingsbruder mit beiden Händen an die Hüften und hob ihn hoch.

»Hör doch auf, Mann!« protestierte Buck. »Du kannst doch bloß ...«

Weiter kam er nicht. Denn mit einem Mal zischte Betty: »Da ist er! Da, vor uns!«

»Wer?« fragte Benny und glotzte seine Schwester verständnislos an.

Buck schaute wieder nach vorn – und sah ihn auch: den Kugelkopf! »Aber... das ist... das ist doch unmöglich! Eben war er noch da hinten, und jetzt...«

Während Betty noch »irre!« murmelte, marschierte Benny mit den Worten: »Ich glaub nicht an Zauberei!« im Eiltempo hinter dem entschwindenden Nachthemdmonster her.

Natürlich vermutete auch Computerlady nicht, daß hier übersinnliche Kräfte im Spiel seien. Trotzdem war ihr die Sache nicht geheuer, und leise rief sie dem vorausstapfenden Tarzan zu: »Nun wart doch mal, Benny! Du willst ihn doch nicht ansprechen?« Und Buck fragte ängstlich: »Willst du hinter ihm hertoben, oder was?«

Benny war in Fahrt. Von einer Sekunde zur anderen hatte ihn das Jagdfieber gepackt. »O Mensch, was weiß ich, was ich will!« raunzte er seine Geschwister an.

Jetzt wurde Betty sauer. »Jedenfalls rennst du ihm nach. Und wir sind so blöd und rennen mit.«

»Wieso blöd? Weißt du was Besseres? – Und außerdem, denk an Jickledy: Wir bewegen uns an der frischen Luft!«

Insgeheim gab Betty ihrem draufgängerischen Bruder recht: Es war schon seltsam, daß der Kugelkopf in Sekundenschnelle zweihundert Meter zurückgelegt haben sollte, ohne sie dabei zu überholen. Seltsam? Unmöglich war das! Und so protestierte sie nur noch halbherzig, als sie den Fremden den Hyde Park verlassen sah: »Wieso frische Luft? Der Typ will im dicksten Nachmittagsverkehr über die Oxford Street.«

»Mann, der hat 'n Tempo drauf! Als wenn einer von seinen Außerirdischen hinter ihm her wär«, war das einzige, was Benny dazu zu sagen hatte.

Da hustete sich der Papagei, als hätte er Bettys Bemerkung verstanden, krächzend die Lunge aus dem Leib.

Buck hob ihn vorsichtig von Bettys Schulter, hielt ihn sich, die Hände schützend um ihn gelegt, vor die Brust, und sagte beinahe bittend: »Nun laß den Typ doch, Benny! Die Auspuffgase sind Gift für Jickledy!«

»Ihr könnt ja hierbleiben!« kam es kurz zurück.

So sehr sie das unerklärliche Geschehen auch zu fesseln schien, Betty ärgerte sich zusehends über Bennys egoistische Art. »Ja, das machen wir auch!« blaffte sie. »Das ist nämlich kein Fall, sondern weiter nichts als 'ne Spinnerei von dir.«

»Ach, ihr könnt mich mal!« blubberte Benny und tauchte, ohne die Geschwister eines Blickes zu würdigen, in den dahinkriechenden Verkehrsstrom ein, der brüllend und stinkend die Kreuzung Oxford Street / Park Lane *(Code 77)* passierte.

Betty blieb abrupt stehen – und hörte gleich darauf hinter sich Buck mit unterdrückter Stimme rufen: »Da ... da ist er schon wieder!«

Sie drehte sich um und sah ihn auch: den Kugelkopf, der *hinter* ihnen aus dem mittleren Torbogen von Marble Arch trat.

Betty überlegte nicht lange. »Geh du mit Jickledy nach Hause!« rief sie ihrem Bruder zu, der sie darauf glücklich und dankbar anstrahlte. »Ich sag Benny Bescheid. Vielleicht kriegen wir ja raus, was das alles bedeutet.« Und dann schlängelte sie sich so schnell es ging durch das Gewirr der Blechkarossen, die im Stop-and-go des Londoner Großstadtverkehrs cityauswärts stänkerten.

Auf dem Bürgersteig zwischen Edgware und Orchard Street *(zwischen Code 77 und 78)* holte Betty Bruder Tarzan ein.

»He, Benny, bleib doch stehen!«

»Ich bleib aber nicht stehen!« trotzte Bruder Tarzan.

»Benny, der Kugelkopf ist *hinter* uns!«

Das saß.

Benny blieb stehen: »Echt?«

»Ja, echt. Siehst du? Da segelt er wie 'n Gespenst über die Straße.«

Benny war baff: »Ich glaub, mein Walkman jodelt: Kugelkopf persönlich! Eben überholt er uns, als könnte er fliegen, und jetzt ist er wieder hundert Meter zurückgehüpft. – Oder *geschlichen*. Voll raffiniert, der Typ!«

»Oder es ist gar nicht *ein* Typ!«

»Nicht *ein* Typ? Wieso – meinst du etwa...« Anstatt den Satz zu Ende zu sprechen, spähte Benny nach vorn, schlug sich mit der flachen Hand vor die Stirn und fing an zu laufen: die Oxford Street ostwärts, bis zur Orchard Street *(Code 78)*. Dort blieb er stehen und lugte vorsichtig um die Ecke.

Fünf Sekunden später stand Betty hinter ihm. »Was ist denn los? Sind die Außerirdischen jetzt hinter *dir* her, oder was?«

Benny platzte fast vor Stolz. »Nee, ich hinter ihnen«, grinste er. »Der Typ, der uns im Hyde Park überholt hat, hatte rote Turnschuhe an. Die haben deutlich unter seinem Umhang vorgeguckt. Stimmt's?«

Ein bißchen spöttisch murmelte Betty: »Daß dir so was auch auffällt!«

Doch Benny nahm das als Kompliment: »Und nicht nur das, Schwesterchen: Soeben hab ich gesehen, wie ein Bursche mit roten Turnschuhen hier um diese Ecke gebogen ist – und zwar ohne Kugelkopf-Kostüm. Da vorn geht er. Komm!«

Tatsächlich marschierte ein knapp dreißigjähriger, bis auf die knallroten Joggingschuhe vollkommen unauffällig gekleideter Mann etwa fünfzig Meter vor den Geschwistern Richtung Baker Street *(Code 61)*. Unterm Arm hatte er einen prall gefüllten Plastikbeutel.

Natürlich wollte sich Betty von ihrem Bruder nicht schulmeistern lassen, vor allem, wenn er derart wichtigtuerisch hervorstrich, wie toll seine Beobachtung gewesen sei. Also bemerkte sie spitz: »Daß in der Plastiktüte der weiße Umhang mit den Gucklöchern steckt, hast du sicher auch längst gerafft.« Und ironisch fügte sie hinzu: »Toll, Benny Buff!«

Endlich bemerkte Benny, daß seine Schwester ihn auf den Arm nahm. »Hör doch auf!« knurrte er. »Die Sache ist ja nun wirklich seltsam: Wir glauben, der Redner überholt uns, aber der Typ, der uns überholt, scheint jemand ganz anderes zu sein. Dann rast der echte Redner – das heißt, wir glauben, es ist der echte – in seinem Kugelkopfkostüm über die Oxford Street hinter uns her.«

»Hinter dem Plastiktüten-Kugelkopf mit den roten Turnschuhen!« korrigierte Betty Bennys Schlußfolgerungen.

Benny staunte: »Du meinst, Kugelkopf Nummer zwei verfolgt Kugelkopf Nummer eins?«

Langsam begann Betty der Logik-Wettstreit Spaß zu machen, zumal sie merkte, daß sie ihrem Bruder letztendlich doch eine Nasenlänge voraus war. Und so schnurrte sie schmunzelnd: »Könnte doch sein, oder?«

Aber noch wollte Benny nicht aufgeben. Er drehte sich um und – triumphierte: »Und wo ist der Verfolger jetzt, hm? Wenn deine Theorie stimmt, müßte der Super-Redner von Speaker's Corner doch längst in die Orchard Street eingebogen sein.«

»Ist er auch!« strahlte Computerlady. »Komm, dreh dich wieder um, sonst merkt er noch was!«

»Wer merkt was?«

»Na, der Typ mit dem vollgestopften Plastikbeutel, der gerade die alte Frau mit dem Pudel überholt hat.«

Noch einmal wandte sich Benny um, bevor er »Hast recht: Das muß er sein!« murmelte und es endgültig aufgab, Betty in Sachen Cleverness herauszufordern.

Mitgefangen, mitgehangen?

Betty blieb nicht viel Zeit, ihren Triumph zu genießen. Der Bus, der die Geschwister überholte, signalisierte mit leuchtenden Bremslichtern, daß er Ecke George Street *(Code 61)* halten würde. Gleichzeitig wechselten die roten Turnschuhe, die bisher in zügigem Marschschritt das Pflaster getreten hatten, die Gangart: Der heimliche Kugelkopf lief zur Bushaltestelle.

Betty und Benny reagierten sofort: Ein Sprint war angesagt! Sie spurteten in akrobatischem Slalom an den Passanten vorbei, die zur Nachmittagszeit die Straße bevölkerten. Würden sie es schaffen? Oder fuhr der Bus ohne sie ab? Zehn Meter noch. Die Bremslichter des Doppeldeckers erloschen, der Blinker zeigte die bevorstehende Abfahrt an.

»Hallo! Wir wollen noch mit!« brüllte Betty aus Leibeskräften und handelte sich von ihrem ansonsten gar nicht ängstlichen Bruder einen Anranzer ein: »Spinnst du, so zu röhren? Der Typ linst eh schon zu uns rüber!«

»Zu *uns*? Wieso das?« fragte Betty mit schalkhaftem Lächeln, während sie vor ihrem Burder auf die Plattform des anrollenden Busses hüpfte.

Anstatt zu antworten, brummte Benny: »Er linst immer noch nach draußen.«

Mit dem strahlendsten Lächeln der Welt ließ Betty den Ticket-Entwerter klingeln. »Sag ich doch: *Uns* meint er nicht.«

»Aber wen dann? Kugelkopf Nummer zwei?«

»Glaub schon. – Siehst du ihn?«

»Nummer zwei? Nee, jetzt sind wir schon zu weit weg. Ah, doch! Da! An der Haltestelle. Scheint auf den nächsten Bus zu warten.«

Betty nickte. »Komm, da sind zwei Plätze frei, gegen die Fahrtrichtung. Da können wir unseren Freund mit den roten Schuhen im Auge behalten.«

So langsam wußte Benny nicht mehr, was eigentlich Sache war. »Warum beschatten wir *den* eigentlich?« fragte er verunsichert. »Ich meine – wenn der andere hinter ihm her ist, und der andere ist der Redner...«

»Ich glaub nicht, daß der andere hinter ihm her ist«, unterbrach Betty den zaghaften Versuch ihres Bruders, Dunkel in das Licht dieser konfusen Beschattungsaktion zu bringen. »Wenn er ihn wirklich *verfolgen* wollte, dann würde er nicht seelenruhig auf den nächsten Bus warten, sondern ein Taxi anhalten.«

»Aber warum hat dann der Typ hier im Bus sich nach dem andern die Augen aus dem Kopf geglotzt?« Benny war nah am Verzweifeln.

Betty zuckte die Achseln. »Ehrlich gesagt, das versteh ich auch nicht. Wahrscheinlich ist das Ganze harmlos: Die gehören irgend 'ner komischen Sekte an, waren zufällig beide im Hyde Park und haben denselben Heimweg.«

Bevor Benny etwas zu dieser alles andere als abenteuerlichen Vermutung sagen konnte, sprang Betty auf: »Marylebone Road *(Code 46)* – er steigt aus!«, und zehn Sekunden später standen die beiden Kugelkopf-Beschatter auch schon auf der Straße.

»Schnell, in den Hauseingang, bevor er sich umdreht!« zischte Betty und preßte sich gegen die protzig geschnitzte Eingangstür eines vierstöckigen Jugendstilhauses.

Während sich Benny neben sie stellte, machte er einen letzten müden Versuch, seiner immer unternehmungslustiger werdenden Schwester mit Logik beizukommen: »Jetzt versteh ich überhaupt nichts mehr: Ich denk, es macht nichts, wenn der Typ merkt, daß wir ihm nachrennen.«

»Als wir zum Bus gerannt sind, konnten wir zufällig denselben Weg haben wie er. Jetzt sieht das anders aus«, erklärte Betty, während sie den Turnschuhträger nicht aus den Augen ließ.

»Also soll er jetzt nichts merken«, schlußfolgerte Benny messerscharf und kassierte dafür prompt ein ironisches »Du merkst aber auch alles!«

Betty ritt an diesem Samstagnachmittag der Teufel. Es machte ihr einen Höllenspaß, Benny nach Strich und Faden zu foppen. Doch wäre sie ehrlich zu sich selbst gewesen, sie hätte zugeben müssen, daß auch sie ein ganz klein wenig verunsichert war. Zuerst hatte sie angedeutet, Kugelkopf Nummer zwei würde Kugelkopf Nummer eins folgen. Dann hatte sie diese Vermutung verworfen. Nun folgte *sie* einem Mann, der genauso kostümiert gewesen war wie der verrückte Redner aus dem Hyde Park und diesen – vorausgesetzt es war der Redner – anscheinend aus dem Bus beobachtet hatte. Gab es einen

B

Grund für diese Beschattungsaktion? Einen anderen Grund als Bettys »Siebten Sinn«?

Lange ließ die Antwort nicht auf sich warten. Die Geschwister schlichen dem Mann mit den roten Turnschuhen 250 Meter durch die Marylebone Road Richtung Euston Road hinterher *(von Code 46 nach Code 47)*, dann verschwand er in einem Hauseingang. In hundertmal geübter Detektivmanier schlenderten Betty und Benny – scheinbar die Langeweile in Person – an der Tür des prächtigen alten Wohn- und Bürohauses Ecke Marylebone High Street *(Code 47)* vorbei, schräg gegenüber von Madame Tussauds Wachsfigurenkabinett.

»Scheint 'n ganz normales Haus zu sein«, stellte Benny murmelnd fest. Egal, wem sie letztendlich folgten und aller Verwirrung zum Trotz fing er zum zweiten Mal an diesem Nachmittag Feuer: Er wollte wissen, warum der Mann mit den roten Schuhen gerade in dieses Haus gegangen war.

Als könne ihn Madame Tussauds gruseliges Wachsfigurenkabinett dem Geheimnis der Kugelköpfe näherbringen, blickte Benny sinnend über die Straße – und entdeckte tatsächlich etwas: Ein Mädchen, das etwa so alt wie die Buff-Geschwister sein mochte, steuerte auf Betty und Benny zu; ein Mädchen mit einem prall gefüllten Plastikbeutel in der Rechten!

Als Benny seiner Schwester die Beobachtung mitteilte, sagte sie zwar abschätzig: »Witterst du jetzt schon hinter jeder Plastiktüte einen Fall?« Aber als das Mädchen an ihnen vorbeiging, sprach sie doch auffällig leise. Und als Benny zischte: »Da! Jetzt steht sie vor der Tür, durch die eben Freund Rotschuh verschwunden ist!«, flüsterte sie aufgeregt: »Guck doch nicht so auffällig hin!«

Ja, auch die nüchterne Betty hatte Feuer gefangen! Trotzdem versuchte sie Ruhe zu bewahren. Wie zu sich selbst murmelte sie: »Das braucht noch gar nichts zu bedeuten. Warum sollen nicht zwei Personen mit 'ner Plastiktüte in der Hand in dasselbe Haus gehen?«

»Wieso zwei?« triumphierte Benny, denn er hatte erneut eine Entdeckung gemacht. »Wenn das da hinten nicht der Hyde-Park-Sülzer ist, will ich ab sofort Benny Blindauge heißen.«

»Tatsache«, raunte Betty so leise, als könnte der näherkommende Mann ihre Worte verstehen, »der muß echt mit dem nächsten Bus gekommen sein.«

Doch damit nicht genug. »Sieh mal, die zwei, die über die Straße rennen: Plastiktüten!« jubelte Benny. »Das ist hier das reinste Kugelkopfnest! Komm, das sehen wir uns mal aus der Nähe an!«

Von einem Moment zum nächsten fiel die schalkhaft freche Sicherheit von Betty ab, mit der sie ihrem Bruder in der vergangenen halben Stunde Zunder gegeben hatte. Erschrocken fragte sie: »Was hast du vor?«

Benny war ganz der alte. Grinsend antwortete er: »Na, das Nest unter die Lupe nehmen, sag ich doch!« und stiefelte auch schon los.

Unruhig trippelte Betty neben ihm her. »Aber mach ja keinen Mist! Nicht, daß du da klingelst oder so.«

Benny hatte kein Ohr für die Mahnungen seiner Schwester. Er ärgerte sich nur, daß *sie* keine Plastiktüten dabei hatten. Ihre Pullis und ein, zwei zusammengeknüllte Zeitungen aus dem nächstbesten Papierkorb würden sich als Kugelkopf-Kostüm-Attrappen bestens eignen.

Ohne Zögern trat Benny auf den geheimnisumwitterten Hauseingang zu. Die Eingangstür verriet nichts

Außergewöhnliches. Aber die Namensschilder. Und Firmenschilder…?

»Nun komm doch, geh schon weiter!« drängte Betty.

Benny ließ sich nicht beirren. Wie ein Altertumsforscher auf der Suche nach einer verborgenen Grabinschrift studierte er die Gravuren auf den Messingtafeln, die den Eingang zierten. Da, er hatte gefunden, was er suchte: *Gesellschaft zur geistigen Erforschung des Weltraums.* »Na also!« war sein einziger Kommentar, als er den Finger auf den Klingelknopf legte.

Betty hob eben die Hand, um Bruder Tarzan am Läuten zu hindern, da ging die Tür schon auf. Vor ihnen stand ein knochiger, schmalgesichtiger Mann Ende zwanzig und beäugte die beiden aus zusammengekniffenen Augen. »Kommt rein! Der Galaxien-Kaiser wünscht keine Grüppchenbildung vorm Haus!«

Betty hatte das Gefühl, ihre Gelenke würden gefrieren. Mit steifen Knien und starr zurückgebeugtem Oberkörper blieb sie in der Tür stehen. Was sollte sie auch anderes machen? Sollte sie sich einfach umdrehen und weggehen? Oder wegrennen? Warum denn? Das kam ihr lächerlich vor, schließlich waren sie nicht in Gefahr. Oder sollte sie zu dem Mann im Hausflur sagen: »Sorry, aber ich will hier nicht rein! Und mein Bruder hätte gar nicht hergehen sollen. Komm, Benny, irgendwie ist mir der Laden hier nicht geheuer…« Nein, das war nicht ihre Art.

Bevor Betty Klarheit in ihre Gefühle und Gedanken bringen konnte, trat Benny entschlossen in das Treppenhaus und zog sie einfach mit: »Nun komm schon, Betty!«

Betty hätte sich wehren, hätte den Arm wegziehen sollen, den Benny intuitiv gepackt hatte, hätte sich losreißen müssen und Benny vor dem Schmalgesichtigen zur Rede stellen… Nein, das kam erst recht nicht in Frage.

Also stolperte sie wider Willen hinter ihrem Bruder her und sah zu, wie der Fremde die Haustür hinter ihnen schloß, sich umwandte und sie ansprach: »Betty heißt du? Dann habt ihr noch eure Erdennamen? Seid ihr zum ersten Mal hier?«

»Jaja, zum ... zum ersten Mal«, stotterte Benny. Wenn jetzt nur Buck hier wäre, dem fiel immer was ein!

Der Schmalgesichtige kniff die Augenlider noch enger zusammen und fragte hintergründig lauernd: »Und wo wollt ihr hin?«

Benny brach der Schweiß aus. Mehr hilflos als auffordernd sah er Betty an: Nun sag doch was! Laß mich doch hier nicht hängen! Doch Betty schaute weg. Sie hatte eine Stinkwut im Bauch. Erst schubst du mich gegen meinen Willen hier rein, und dann soll ich dir auch noch aus der Patsche helfen! Nein, mein Lieber, jetzt kannst du selber sehen, wie du da wieder rauskommst.

Benny kam da raus. Ein Wort fiel ihm ein. Ja das war's: »Zu den *Außerirdischen* wollen wir«, verkündete er dem Schmalen und sah ihm dabei in die Augen.

Der Mann erwiderte Bennys Blick – jedenfalls sah es so aus, denn die Pupillen waren in den Augenschlitzen nur zu erahnen. Und mit einem knappen »Gut, dann kommt!« schob er sich an den Geschwistern vorbei und ging voraus – den Flur entlang und die Kellertreppe hinunter.

Im Sternenkeller

In Bettys Innerem tobte in diesen Sekunden ein kaum beschreibbarer Kampf widerstreitender Gefühle. Einerseits spürte sie immer noch den Drang fortzulaufen. Andererseits wollte sie Benny, egal wie wütend sie auf ihn war, mit dem ungemütlichen Fremden nicht allein lassen. Einerseits hatte eine undefinierbare Furcht von ihr Besitz ergriffen. Andererseits war sie neugierig. Einerseits, andererseits, einerseits, andererseits – alles auf einmal ... Und so trottete Betty, ohne sich dazu entschieden zu haben, hinter dem Mann mit dem hageren Gesicht her.

Der Hausflur hätte in jedes x-beliebige Gebäude in Marylebone Road, Baker Street oder Euston Road gepaßt. Die hohen, verwaschen grün geölten Wände ließen die Schritte über abgetretene Fliesen hallen, und die wenigen Blumenkacheln, die spärlich über das grüne Einerlei verstreut waren, schafften es nicht annähernd, die triste Unpersönlichkeit des Treppenhauses aufzuhellen. Doch kaum hatte der Hagere die schwere, mit einem Zahlenschloß gesicherte Tür zum Kellergeschoß hinter sich und den Kindern zugezogen, war die Welt wie verwandelt: Schwarzblau getönte und von verborgenen bläulich flimmernden Neonstrahlern geheimnisvoll beleuchtete Wände erweckten den Eindruck unendlicher Weite, in der Hunderte fluoreszierender Sterne, Sonnen und Monde die Tiefe des Weltalls suggerierten.

Gegen ihren Willen zog diese ungewöhnliche Gestaltung des Treppenabgangs Betty in ihren Bann. Sie fragte sich nicht einmal nach dem Sinn und Zweck der mit Leuchtsternchen und -monden vorgegaukelten Himmelslandschaft. Und die gleichzeitig zarten und metallisch kalten Synthesizerklänge, die aus unsichtbaren Lautsprechern die künstliche Sternenwelt mit faszinierend fremder Musik zu scheinbarem Leben erweckten, nahm sie gar nicht bewußt wahr!

Benny ging es nicht anders. Im Gegenteil, er war begeistert! Und als sie am Fuß der Treppe in einen langen Gang traten, dessen schwarzblauer, federnder Bodenbelag den Schritten eine unverhoffte Leichtigkeit verlieh, hatte er gar das Gefühl zu schweben – den tausend Sonnen der Milchstraße entgegen, die am unendlich fernen und doch greifbar nahen Ende des Flures schimmerten.

»Von jenseits der Milchstraße kommt der Galaxien-Kaiser, und jenseits dieses Ganges liegt auch der Galaxien-Saal«, drang die Stimme des Fremden mit einem Mal getragen und salbungsvoll durch die gläsern wirkende Stille. Doch als Benny unsicher »Jaja, klar« vor sich hinstotterte, blieb der Mann stehen und fragte mit einem Unterton, der zumindest Bettys Computerwarnsystem aufglimmen ließ: »Du weißt, was der Galaxien-Saal ist?«

»Äh ... also ...«, stammelte Benny und wünschte sich zum zweiten Mal Bruder Buck herbei.

Betty sah den Mann an. Der paßte doch nicht in die fast andächtige Atmosphäre dieser Raum und Zeit entrückten Traumwelt. Wie er Benny taxierte! Lauernd und wie auf dem Sprung. Nein, hier war was faul! Daran zweifelte Betty keine Sekunde mehr. Mit dem Gefühl, zu retten, was es noch zu retten gab, fiel sie ihrem Bruder ins Wort: »Natürlich weiß Benny nicht, was der Galaxien-Saal ist. Er denkt nur, er müßte es wissen. Wir wollten nämlich heute eigentlich gar nicht herkommen ...«

»Was redest du denn für 'nen Unsinn! Natürlich wollten wir heute hierherkommen!« fauchte Benny und funkelte Betty dabei an, als wollte er ihr drohen: Ehrlich, wenn du uns *das hier* vermasselst, Betty, wo wir uns so spitzenmäßig eingeschmuggelt haben ... Und endlich brachte er auch ohne Bucks Hilfe eine passable Ausrede zustande: »Sie glaubt nur, wir dürften ohne das ... äh ... das Kostüm nicht in den Galaxien-Saal rein.«

»Du meinst ohne *Galaxien-Kleidung*«, korrigierte der undurchschaubare Kellergeist Benny mit gesalbtem Ernst, um, mit einem Seitenblick auf die sprachlose Betty, tadelnd hinzuzufügen: »Und keinen Streit, wenn ich bitten darf! Nichts haßt der Galaxien-Kaiser mehr als Streit.«

Dann öffnete er eine in der Sternentapete verborgene Tür und sagte in gönnerhaftem Tonfall: »Nun gut, dann bekommt ihr für diesen ersten Tag im Galaxien-Saal die Galaxien-Kleidung gestellt. Dort hängen die Kleider.«

Während Betty und Benny in die Kleiderkammer traten, läutete es. Der Schmalgesichtige sah auf die Uhr. »Sucht euch was Passendes raus. Ich muß wieder rauf, da kommt noch ein Gast. Und wartet hier auf mich!«

Kaum hatte er die Tür hinter sich geschlossen, legte Betty los: »Sag mal, spinnst du, Benny Buff? Hast du'n Rad ab, oder was? Schupst mich zu dem Kerl in den Hausflur, und jetzt sitzen wir hier bei den Verrückten im Keller fest.«

»Wieso sitzen wir fest?« hielt Benny so cool wie möglich dagegen. »Wir können jederzeit gehen, wenn wir wollen!«

»Jederzeit gehen! Meinst du, dieser sogenannte Galaxien-Typ läßt uns so mir nichts dir nichts wieder laufen? Der ist doch ganz wild auf neue Kunden! O Mann, bist du blind!«

Langsam wurde Benny auch sauer. Da hatten sie es mit einer Wahnsinnsportion Glück geschafft, einer rätselhaften Geschichte auf die Spur zu kommen und handstreichartig ins Zentrum des Geheimnisses vorzudringen, und Computerlady schlotterten die Knie, als lauerte zwischen den in Reih und Glied an den Wänden hängenden Kugelkopfklamotten der Leibhaftige persönlich!

Dummme Gans! dachte er, und laut sagte er: »Ach, reg dich doch ab!«

»Reg du dich ab!« Was Besseres fiel Betty nicht ein, denn die Galerie der wie in einer Kleiderboutique dahängenden Sternenmenschen-Kostüme versetzte auch sie in Staunen.

Benny nahm das erstbeste Gewand vom Bügel, hielt es Betty an und pfiff dabei leise durch die Zähne. »Wird dir phantastisch stehen, Meckerlady! Nur schade, daß man unter dem Kugelkopf dein wutverzerrtes Gesicht nicht sieht.«

Das hätte er nicht sagen sollen. Bettys Zorn flackerte ungebrochen wieder auf: »Wenn du wüßtest, Benny Buff, wie unendlich blöd du bist!« fauchte sie. »Ich will hier raus, kapierst du das nicht? Raus!«

Bevor Benny auch nur versuchen konnte, seine aufgebrachte Schwester zu beschwichtigen, wurde die Tür von außen aufgestoßen. Betty und Benny hatten niemand kommen hören, so sehr dämpfte der Gummibelag die Schritte.

Der Schmalgesichtige ließ einem Mädchen den Vortritt, das etwa so alt sein mochte wie die Geschwister.

Die Neue begrüßte Betty und Benny mit einem zaghaften »Hallo!« Dabei himmelte sie den Kellermenschen derart an, daß sich erneut Bettys Alarmsystem meldete: Was machen die hier nur mit den Kindern und Jugendlichen? An dem Typ ist doch wirklich nichts Anhimmelnswertes. Und ein Star aus 'ner Fernseh-Horror-Serie ist er auch nicht. Vorsicht, Betty, halt Augen und Ohren offen!

»So, das sind die anderen Neuen«, sagte der Knochige in sachlichem Tonfall.

Das Mädchen strahlte, als wäre Betty die Prinzessin

von Honolulu. Dann fiel sein Blick auf das Kugelkopfhemd, das Benny über dem Arm hängen hatte, und beinahe ängstlich fragte es den Kellertyp: »Ich darf also wirklich gleich mitmachen?«

Das Lächeln, das dem Mann übers Gesicht huschte, bevor er der Neuen antwortete, bescherte Betty eine Gänsehaut. »Bei allem kannst du natürlich noch nicht dabeisein. Aber du darfst das mitmachen, was für den Anfang nötig ist. Du wirst schon sehen!«

Das Mädchen schien nichts von der Veränderung in der Mimik des Schmalgesichtigen mitbekommen zu haben. Als hätte er ihm soeben einen Hauptgewinn im Bingo mitgeteilt, jubelte es: »Ich find das so super, daß ich endlich fort kann von der Erde! Echt!«

Noch einmal dieses Lächeln. »Bald, meine Liebe, bald kannst du von der Erde fort! Aber vorher mußt du noch ein paar...« – er stockte, und seine Augen verengten sich wieder zu zwei Schlitzen – »...ein paar schmerzhafte Opfer bringen.«

Schmerzhafte Opfer? Betty zuckte zusammen. Was für Opfer denn? wollte sie sagen, oder: Los, kommt, wir hauen ab! Aber ihr blieben die Worte im Hals stecken. Denn das Mädchen schien alles andere als erschrocken zu sein über das, was dieser fies lächelnde Kellertyp in Ausicht stellte.

»Mach ich«, sagte es mit ehrlicher Begeisterung. »Ich mach alles, was Sie wollen!«

Der Typ räusperte sich und machte wieder auf feierlich: »Alles, was der Galaxien-Kaiser will, wolltest du sagen.«

»Jaja, natürlich!« stotterte die Neue. »Ehrlich, ich bin ja so gespannt auf den Kaiser!«

Diese Worte, und mehr noch die Art und Weise, die

blinde Begeisterung, die Kritiklosigkeit, mit der das Mädchen auf die Andeutungen und Ankündigungen dieses immer unheimlicher werdenden Mannes reagierte, waren der Grund, daß Betty ihre Haltung zum Unternehmen Kugelkopf änderte. Nein, jetzt wollte sie nicht mehr weg. Mit der Sicherheit ihres detektivischen Instinkts wußte sie: Hier ist was faul. Hier sind Verbrecher am Werk. Ob das, was sie taten, auch vor dem Gesetz kriminell war, konnte sie nicht beurteilen. Aber daß es *menschlich* gesehen ein Verbrechen war, daran zweifelte sie nicht mehr. Sie wollte und mußte etwas unternehmen, um das Mädchen davon abzuhalten, sich dem Fiesling, der sie in den Keller geführt hatte, schutzlos auszuliefern.

Sie sah Benny an, und er verstand: Betty macht mit! Das ist ihr *Scotland-Yard-Blick*, jetzt ist sie dabei!

Am liebsten hätte er Betty umarmt. Aber dafür war nun wirklich nicht der richtige Zeitpunkt. Denn der Hagere fuhr ihn und Betty an: »Ihr seid ja noch immer in der Erdenkleidung!«

Wie aus der Pistole geschossen kam es von Betty zurück: »Wir haben noch nicht das Passende gefunden.«

Der Knochige lachte kurz auf. »Das Passende, ha! Wir machen hier keine Modenschau! Für dein schönes Gesicht kannst du dir jenseits der Milchstraße nichts kaufen!« Dann griff er wahllos zwei der Kugelkopf-Kostüme heraus und reichte sie Betty und dem anderen Mädchen. Und zu Benny sagte er: »Du hast ja schon eins. So, und jetzt beeilt euch, der Galaxien-Kaiser will euch begrüßen! In einer Minute bin ich wieder da.« Zack – draußen war er.

»Super, was, daß er uns gleich empfängt!« strahlte das Mädchen Benny an, während es sich das Laken über den Kopf zog.

Benny verzog das Gesicht zu einem süßsauren Fragezeichen und murmelte: »Na, ich weiß nicht...« So recht hatte er noch nicht begriffen, worauf es ankam. Aber Betty! Sie stieß ihrem Bruder den Ellenbogen in die Seite und wandte sich, die Begeisterung in Person, an das Mädchen: »Klar ist das super! Und ich find ja voll Spitze, was du schon alles vom Galaxien-Kaiser weißt! Wie heißt du überhaupt? Ich heiß Betty. Und das ist mein Bruder Benny.«

Betty hatte genau den richtigen Tonfall getroffen: Das Mädchen strahlte noch mehr. »Ich heiß Ivy. Bis jetzt jedenfalls. Ich hab ja noch meinen Erdennamen. Und ich würd ja zu gern wissen, welchen Galaxien-Namen der Kaiser für mich aussucht.«

Obwohl Betty gespannt war wie Robin Hoods Flitzebogen, brachte sie mit einer atemberaubenden Beiläufigkeit die Frage heraus, von der möglicherweise das weitere Vorgehen abhängen würde: »Und was weißt du so alles vom Galaxien-Kaiser?«

Ivy zuckte die Achseln. »Na ja, viel nicht. Soviel, wie man halt wissen darf.«

Die Antwort war enttäuschend. Aber Betty machte weiter: »Und von wem weißt du es?«

Ivy war ehrlich entsetzt. »Ich darf doch den Sternenmenschen nicht verraten, der mich eingeweiht hat!«

Auch das warf Betty nicht aus der Bahn. Sie führte ein Verhör. Ein verdecktes, geheimes Verhör sozusagen. Voll konzentriert und mit unglaublichem Geschick sagte sie: »Entschuldigung! Ich wollte dich nur prüfen, ob du auch wirklich eine von uns bist.«

Das wirkte. »Wieso das denn?« fragte Ivy, und ein ganz klein wenig schien sie nun auch Betty anzuhimmeln.

Leise und so geheimnisvoll wie möglich antwortete

Betty: »Na ja, man kann ja nicht wissen ...« Und Benny, der inzwischen begriffen hatte, worauf seine Schwester hinauswollte, fügte auf seine direkte Art hinzu: »Hier schleichen sich manchmal Feinde des Galaxien-Kaisers ein.«

Betty winkelte schon den Arm an, um Benny ein zweites Mal in die Seite zu boxen, aber da merkte sie, daß seine Bemerkung alles andere als dumm gewesen war. Ivy sah ihn nämlich mit großen Augen an und flüsterte aufgeregt: »Ehrlich? Aber die erkennt der Kaiser doch sofort, oder?«

Benny setzte die gewichtige Miene eines Eingeweihten auf und sagte im Brustton der Überzeugung: »Aber sicher. Er kann einem ja bis ins Innerste schauen, nicht, Betty?«

»Klar. Er kann Gedanken lesen«, nahm Betty den Ball auf.

Und Ivy flüsterte vor Ehrfurcht schaudernd: »Aber woher wißt ihr das?«

Fast mußte Benny grinsen, als er mit gespielter Empörung Ivys Worte wiederholte: »Wir dürfen doch den Sternenmenschen nicht verraten, der uns eingeweiht hat!«

»Sorry«, murmelte die arme Ivy kleinlaut.

Aber schon Bettys nächste Frage baute sie wieder auf: »Was das für Opfer sind, die wir hier bringen sollen, weiß ich ja ehrlich gesagt nicht«, gestand Computerlady nicht ohne Berechnung, und leise fügte sie hinzu: »Hoffentlich wird das nicht zu schmerzhaft.«

Eifrig klärte Ivy sie auf: »Die Wunden heilen ja wieder. Mein Sternenmensch hat mir seine Narben gezeigt. An den Armen und auf dem Rücken. Man muß nur an die Sternenwelt denken und die Zähne zusammenbeißen, hat er ge ...« Ivy stockte, biß sich schuldbewußt auf die Lippe

und murmelte zerknirscht: »O, verdammt, jetzt hab ich doch geplappert!«

Betty hatte genug gehört – genug um zu wissen: Es ging um mehr als darum, eine Gleichaltrige vor der Mitgliedschaft in einem kriminellen Verein zu bewahren. Auch die anderen Kinder und Jugendlichen, die schon im Haus waren oder noch kommen würden, waren von den geheimnisvollen Gangstern und ihren undurchsichtigen Machenschaften bedroht. Ja, schlimmer noch, sie bedrohten sich selbst!

Betty mußte sich zur Ruhe zwingen, als sie so verständnisvoll wie möglich sagte: »Du hast uns ja nichts verraten. Unser Sternenmensch hat uns auch seine Narben gezeigt. Wir wissen nur nicht, *woher* er sie hat. Durch was für Übungen oder so, verstehst du?«

»Ach so.« Das Mädchen nickte erleichtert.

Betty überlegte noch, ob sie mehr von Ivy erfahren könnte, da sprang die Tür zum zweiten Mal auf, ohne daß Schritte zu hören gewesen waren.

Der Hagere trat, nun auch in Kugelkopf-Uniform, beinahe hastig in die Kellergarderobe. »Seid ihr fertig? Gut. Dann kommt, der Galaxien-Kaiser erwartet euch!«

Jetzt geht's los, dachte Betty, und sie spürte, wie ihr Herz schneller schlug und ihre Hände feucht wurden.

Buck ahnt Schreckliches

Während sich Betty und Benny immer tiefer in ihr undurchschaubares Abenteuer hineinwagten, verfluchte Onkel Mac seinen freien Nachmittag: Da hockte er nun mit einer Gift und Galle spuckenden Granny, einem ängstlich-verschlossenen Buck und einem vor lauter Heiserkeit und Papageienhusten kaum wiederzuerkennenden Lord Jickledy am Teetisch und kaute mißmutig auf einem gummiartigen Stück Schmalzgebäck vom letzten Wochenende herum! Es fehlte nicht viel, und er wäre zum Yard geflüchtet: Selbst im unangenehmsten aller Kriminalfälle konnte die Stimmung nicht schlechter sein als in der Craven Road 48.

Doch dann nahm das Wochenenddesaster eine Wende, die Onkel Macs Flucht ins Polizeipräsidium überflüssig machen sollte...

»Nein, Buck!« giftete Granny ausgerechnet den vorschriftsmäßig heimgekehrten Drilling an. »Du kannst mir erzählen, was du willst! Das ist ungehörig von deinen Geschwistern. Ausgesprochen ungehörig! Erstens hat euer Onkel Mac heute frei. Und zweitens brauchen wir eine ruhige, harmonische Atmosphäre in der Familie, damit Lord Jickledy sich erholen kann. Aufregung ist Gift für ihn. Schließlich ist er ja krank.«

Wie um Grannys Worte zu unterstreichen, hustete der Papagei zum Steinerweichen und krächzte mit müde scheppernder Reibeisenstimme.

Granny strich ihm liebevoll übers Gefieder und flüsterte dazu: »Bitte, Lord Jickledy, sei ein lieber Vogel und sprich nicht so viel!«

»Selber Vogel!« wollte Jickledy ihr antworten. Aber die Worte gingen in einem erneuten Hustenanfall unter.

Granny hob ihn zu sich auf den Schoß. »Komm her! Komm zu mir!« Und an Bucks Adresse fauchte sie: »Die können was erleben, wenn sie sich wieder blicken lassen, das sag ich dir!«

Onkel Mac war in düsteres Schweigen verfallen. Plötzlich räusperte er sich und sah Granny an. »Also, so unerfreulich es ist, daß Betty und Benny nicht zum Tee erschienen sind, Grund zu echter Klage haben wir ja Gott sei Dank nicht. In anderen Londoner Familien spielt sich gegenwärtig weitaus Schlimmeres ab.«

»Was in anderen Familien los ist, ist mir schnurzegal!« brauste Granny auf. »Du brauchst die Bande gar nicht in Schutz zu nehmen, Mac!«

Unbeirrt vom Gebrüll seiner Mutter, sprach Onkel Mac in seiner ruhigen und irgendwie bedrückt wirkenden Art weiter: »Ich will die beiden nicht in Schutz nehmen. Aber du mußt auch einsehen, daß sich seit deiner und auch seit meiner Jugend einiges verändert hat. Heute kehren immer mehr Jungen und Mädchen ihren Eltern den Rücken. Und zwar nicht nur zum Fünfuhrtee!«

»Nimm lieber noch ein Stück Kuchen!« knurrte Granny und reichte dem Inspektor einen zweiten Gummihappen.

Gedankenverloren legte Onkel Mac das Schmalzgebäck auf seinen Teller. Dann zog er die Augenbrauen zusammen und sagte leise und mit einem unüberhörbaren Grollen in der Stimme: »In London gehen Verführer um. Jugendverführer der schlimmsten, der schmutzigsten Art.«

Nun runzelte auch Granny die Stirn und grollte ihrerseits: »Was soll das, Mac? Willst du mir angst machen, oder was?«

Der Onkel schüttelte heftig den Kopf. »Unsinn. Ich denke dabei ja nicht an Betty und Benny. Die würden auf die Lügen dieser Kinderfänger nicht reinfallen. Sie hätten überhaupt keinen Anlaß dazu.«

Buck spürte ein leises Unbehagen in der Magengegend, und mit einem Anflug von Ängstlichkeit fragte er: »Was für Lügen denn?«

Das brachte Onkel Mac in Fahrt. Er fing an zu schimpfen: »Faustdicke Lügen! Verheißungen! Angebote zur Weltflucht! Und dafür müssen die Jugendlichen auch noch bezahlen: Mit Geißelungen! Mit seelischen und körperlichen Quälereien, an denen sich die Gangster, die den ganzen Schwindel aufziehen, zu ergötzen scheinen.«

Als ärgerte sie sich immer noch über Onkel Macs Bemerkung, daß sich seit ihrer Zeit einiges geändert habe, murmelte Granny trotzig: »Das hat es früher auch schon gegeben.«

»Das weiß ich!« knurrte der Onkel. »Aber wir leben heute. Im London des Jahres 1990. Und hier und heute melden sich Tag für Tag Eltern bei Scotland Yard oder auf den zuständigen Polizeirevieren und berichten, daß ihre Kinder immer wieder verschwinden; und wir sollen was dagegen tun.«

Wieder hustete Lord Jickledy, und wieder strich Granny ihm zärtlich über den Rücken.

Buck drehte unterm Tisch Zöpfe in seinen Wollpulli. Aufgeregt fragte er: »Die Kinder verschwinden *immer wieder*?«

Onkel Mac nickte. »Ja. Mal für ein paar Stunden, mal für ein, zwei Tage.«

Bucks letzter Zopf wurde zu einer fest zusammengepreßten Kugel. »Und *wohin* verschwinden sie?« fragte er leise.

Der Inspektor zuckte die Achseln. Niemand von den betroffenen Eltern oder Erziehern weiß das genau. Sie wissen nur eins: Wenn die Kinder von ihren Ausflügen zurückkommen, befinden sie sich in einem völlig aufgelösten, zugleich begeisterten und verstörten Zustand. Als kämen sie aus einer anderen Welt. Aber das wäre ja noch zu verkraften. Viel schlimmer ist, daß sie auch körperlich verletzt sind, Schnitt- und Brandwunden im Nacken, auf dem Rücken, an Armen und Beinen aufweisen.«

Granny schob mit einem Ruck den Kuchenteller von sich weg. »Hör auf, Mac! Das ist ja furchtbar!«

»Ja, das ist furchtbar. Und am furchtbarsten ist, daß wir bislang nichts dagegen unternehmen konnten. Die betroffenen Jungen und Mädchen schwören nämlich Stein und Bein, sich die Verletzungen selbst zugefügt zu haben. Ohne jeglichen Einfluß von außen. Ohne daß sie jemand angefaßt, dazu gedrängt oder überredet hätte. Tja – und wo kein Beschuldigter ist, können wir auch keinen Schuldigen suchen.«

Buck wurde immer aufgeregter. Warum wußte er nicht. Er ahnte nur etwas. »Du glaubst aber, daß es einen Schuldigen gibt?« fragte er gespannt seinen Onkel.

»Ja, das glaube ich allerdings. Das heißt, ich glaube es sogar beweisen zu können. Es gibt einen – mindestens einen – Verführer. Ein Mensch, der sich vermutlich Galaxien-Kaiser nennt.«

»Galaxien-Kaiser?« murmelte Granny kopfschüttelnd. »Galaxien – das sind doch Sternensysteme; wie unsere Milchstraße zum Beispiel, oder täusch ich mich da?«

»Nein, nein, keineswegs. Galaxien sind Systeme von Sternen – also von Sonnen und den dazugehörigen Planeten.«

Der siebte oder achte Zopf wuchs aus Bucks Pullover, als er fragte: »Planeten, auf denen auch Menschen leben können?«

Wieder zuckte Onkel Mac die Schultern. »Vielleicht. Daß es bei den unendlich vielen Sternen im gesamten Weltall nur hier, nur auf unserer Erde, vernunftbegabte Wesen gibt – sofern man bei uns Menschen von Vernunft sprechen kann –, das halte ich schon aus statistischen Gründen für recht unwahrscheinlich. Nun ja, wie dem auch sei. Einer der... der gefolterten Jungen hat also – wahrscheinlich heimlich – diesen Galaxien-Kaiser fotografiert.«

»Hast du das Foto da?« fragte Buck sofort und richtete sich stocksteif auf seinem Stuhl auf.

Onkel Mac nickte. »Ja, einen Abzug habe ich. Das Original ist beim Untersuchungsrichter. Der prüft gerade, ob wir der Sache nicht doch auf den Grund gehen sollten. Hier, leider ist der Mann maskiert. Eine Art Priesterkluft wie beim Ku-Klux-Klan.«

Eine Hundertstelsekunde reichte Buck, um bestätigt zu finden, was er die ganze Zeit geahnt hatte. Und so erschrocken, ja, entsetzt, daß Granny blaß wurde, murmelte er: »Der Kugelkopf!«

Der Galaxien-Kaiser

Zurück zu Bucks Geschwistern: Der schmalgesichtige Sternenfreak hatte die zur Unkenntlichkeit verkleideten Kinder in den Galaxien-Saal geführt. Dort standen sie nun als drei weißgewandete Kugelköpfe unter achtzehn Ebenbildern und warteten in scheinbar ehrfurchtsvollem Schweigen auf die Ankunft des sogenannten Kaisers.

Auch Bennys Pulsschlag hatte merklich zugelegt, und bei aller Neugier und Abenteuerlust fragte er sich ein wenig ängstlich: In was sind wir bloß reingeraten?

Die Antwort ließ nicht lange auf sich warten. Im Stil eines hochherrschaftlichen Zeremonienmeisters verkündete der Hagere laut und feierlich: »Seine Majestät, der

Galaxien-Kaiser!«, und im nächsten Augenblick segelte eine eher zierlich wirkende Kugelkopfgestalt gemessenen Schritts zur Tür herein. Lediglich durch ein goldfarbenes Sternen-Stirnband, das um das obere Viertel seines Kugelkopfs gewickelt war, unterschied sich der Kaiser von den wartenden Kindern und Jugendlichen.

Er setzte sich in betont würdevoller Langsamkeit auf einen an der Kopfseite des Saals bereitgestellten, offensichtlich mit Goldfolie überzogenen Armsessel und schwieg.

Albernes Theater! dachte Betty, doch ihre innere Anspannung baute sie damit nicht ab.

Der sogenannte Kaiser schwieg immer noch.

Benny machte das wütend. Willst uns wohl weichkochen, was! hätte er dem weißverhüllten Oberguru am liebsten zugerufen. Aber er hielt den Mund. Ein besseres Versteck als die Kugelkopf-Einheitskluft hätten sie nicht finden können, darüber war sich Benny im klaren.

Endlich hob der Häuptling die Hände: langsam und die Handflächen den Wartenden zugewandt. Das war das Zeichen für den Hageren: Sofort kreuzte er die Arme vor der Brust und verbeugte sich so tief er konnte. Gute zwanzig Sekunden verharrte er in dieser Haltung. Aber nicht nur er! Alle Nachwuchs-Kugelköpfe, auch diejenigen, die an diesem Nachmittag zum ersten Mal im Galaxien-Saal waren, machten es ihm nach – alle, einschließlich Betty und Benny, so schwer ihnen das auch fiel.

Der Kaiser senkte die Arme, und die Gruppe der Weißbekittelten ihm gegenüber hob die Kugelköpfe, um dazustehen wie zuvor: erwartungsvoll und schweigend.

Na los, sag schon was! dachte Betty, da hob der Vermummte auf dem Goldpapier-Thron endlich die Rechte. Und mit einer seltsamen Mischung aus gesalbter Feier-

lichkeit und unterschwelliger Dramatik tönte es aus dem goldbebänderten Kugelkopf: »Ich grüße Euch, junge Erdenmenschen, die ihr den Weg zum Kaiser aller Galaxien, dem wahren Herrscher über alle Sonnen und Sterne des Weltalls gefunden habt! Die Erde ist zum Sterben verurteilt. Die Menschen töten das Leben, die Tiere, die Pflanzen, sich selbst. Alles werden sie vernichten. Doch wer die innere Wandlung vollzieht, wer werden will wie die Sternenmenschen von jenseits dieser Galaxie, wer bereit ist, abzuwerfen, was hier als menschlich gilt, wer bereit ist, jenseits von Gut und Böse, von Teufel und Gott dem Galaxien-Kaiser zu dienen, dem wird die Flucht gelingen aus dem Chaos von Feuer und Tod, das diesen Erdenball erwartet. Ihr seid jung! Ihr könnt den Weg noch gehen, könnt eure Körper überwinden, um als reine Geister ins All zu schweben, dorthin, wo es kein Leiden und keine menschliche Lüge von Glück und Freude mehr gibt. Seid ihr bereit, junge Erdenmenschen, euch auf den Weg zu machen?«

Während die vermummten Kinder und Jugendlichen neben ihnen laut oder leise, nachdrücklich oder zaghaft, begeistert oder ängstlich »Ja« riefen, bekamen Betty und Benny die Lippen nicht auseinander. Hundert Gedanken wirbelten ihnen durchs Hirn. Was hatte der Ober-Kugelkopf gesagt? Die Erwachsenen, die Menschen überhaupt hatte er angeklagt: Sie würden die Pflanzen und Tiere, sich selbst und den ganzen Erdball zerstören. War das so falsch? Gewiß nicht! Miss Piggy hatte ihnen in Gemeinschaftskunde und Bio genügend Beispiele für das leichtsinnige und verantwortungslose Handeln gezeigt, mit dem Politiker und Industrieunternehmen ebenso wie ganz normale Bürger die Umwelt mehr und mehr in eine Müllhalde verwandeln und die Erde zu einem sterbenden

Riesenraumschiff machen. *Damit* hatte der seltsame Kaiser gewiß recht. Aber was folgerte er daraus? Was forderte er von seinen Zuhörern und Anhängern? Ihr Menschsein sollten sie aufgeben. Nicht nur das Böse sollten sie meiden, sondern auch dem Guten nicht mehr vertrauen. Kurzum: *Ihm* sollten sie dienen. Jemandem, der sich selbst nicht als Mensch bezeichnete. Ins All sollten sie schweben... Betty schauderte: Was meint er damit? Wer schwebte denn als Geist ins All? Doch nur ein Toter! Ein Verstorbener – vorausgesetzt, man glaubte an das Leben nach dem Tode... Wollte der Typ sie *umbringen*? Das war doch unmöglich!

Der Kaiser brach das Schweigen, das dem Chor der Zustimmung gefolgt war, und erlöste damit Betty von ihren bedrückenden Gedanken. Nicht weniger ängstlich, aber hellwach und bereit, schnell, cool und umsichtig zu handeln, wenn es erforderlich sein sollte, verfolgte sie den beschwörenden Singsang des Mannes auf dem Goldpapier-Thron.

»Wie ich höre, seid ihr bereit, eurem Kaiser zu folgen. So teilt euch denn auf: Die Eingeweihten, jene unter euch, welche bereits voll Stolz und Ehrfurcht ihren Galaxiennamen führen, bleiben im Galaxien-Saal, um sich unter meiner Leitung der nächsten Prüfung zu unterziehen, die sie der Welt hinter den Sonnen näher bringen soll. Auf euch andere aber, die ihr heute zum ersten Mal den Weg in den Vorraum des Sternenreichs gefunden habt, wartet die erste aller Prüfungen. Besteht ihr sie, so werdet ihr aus meinem Munde den Galaxien-Namen erfahren, der euer Name werden und euch begleiten wird in alle Welten und für alle Zeiten. So geht denn mit Bruder Scrigg, der euch zu Bruder Phadon führen wird, eurem ersten Prüfer.«

Betty sah sich um. Bruder Scrigg? Sollte das der

Schmalgesichtige sein? Wahrscheinlich. Sie konnte ihn zwar unter seinem Kugelkopfkostüm nicht mehr erkennen, aber er war neben der Tür stehengeblieben, durch die sie den Galaxien-Saal betreten hatten. Und von dort eilte er nun durch den Raum auf seinen Häuptling zu.

»Bruder Scrigg?« fragte der Kaiser, und Betty meinte, eine durchaus menschliche Verwunderung, ja, vielleicht sogar einen Funken Angst in seiner Stimme zu entdekken.

Noch bevor er in respektvoll wirkendem Abstand vor seinem Kaiser stehen blieb, begann der Hagere: »Verzeiht, Majestät, da Ihr noch nicht zu sprechen wart, habe ich mir eigenmächtig erlaubt, Bruder Phadon die Prüfungsvollmacht zu entziehen.«

Für einen allmächtigen Herrscher ein wenig hastig fragte der Kaiser: »Warum das, Bruder Scrigg?«

Nun wandte sich der Hagere den unbeweglich dastehenden Kindern und Jugendlichen zu und sagte mit drohendem Unterton: »Bruder Phadon hat sich als unwürdig erwiesen. Im Hyde Park hat er gegen uns gepredigt.«

Kugelkopf 1! schoß es Betty durch den Kopf, während ein Murmeln der Empörung durch die Reihen lief und der Kaiser leise und scharf »Öffentlich?« zischte.

Der Hagere nickte. »Ja, öffentlich. Bruder Tydoo hat ihn gehört.«

»Kugelkopf 2!« meldete Bettys Computer.

Der Kaiser rührte sich nicht, krallte aber die Hände so fest um die Armlehnen, daß seine Knöchel weiß hervortraten.

Der Hagere flüserte beinahe, als er fortfuhr: »Phadon scheint aber vor lauter Angst ziemlich wirr gesprochen zu haben. Wahrscheinlich ist nichts Konkretes nach außen gedrungen.«

Einen Augenblick schwieg der Kaiser, als überlegte er. Dann zischte er mit der Schärfe einer hungrigen Klapperschlange: »Bring Phadon zu mir! *Du* nimmst heute den Neuen die erste Prüfung ab!«

»Jawohl, Majestät!« murmelte Scrigg »Es wird mir ein Vergnügen sein!«

Dann verbeugte er sich vor dem Mann auf dem Thron, rief den Kindern ein knappes »Kommt!« zu und marschierte schnurstracks hinaus.

In der Folterkammer

Während der Kaiser stocksteif auf seinem Glimmersessel verharrte und Benny und Ivy sich aus der Gruppe der Jung-Kugelköpfe herauslösten, zögerte Betty noch, dem Hageren zu folgen. Zu deutlich hatte sie das grinsende »Es wird mir ein Vergnügen sein!« im Ohr, mit dem er auf die Anweisung seines Bosses reagiert hatte. Aber da hörte sie Scrigg auf dem Kellergang brüllen: »Bruder Stuck, bring Phadon zu Seiner Majestät!« Und als eine entfernte Stimme mit unverhohlener Freude antwortete: »Aber gern!«, da wußte Betty: Wenn sie etwas *tun* wollte, dann mußte sie Benny und Ivy folgen – gleichgültig, was sie bei der angekündigten Prüfung erwarten mochte.

Der Prüfungsraum entpuppte sich als ein winziges, kahles Kellerloch, dessen Wände mit schwarzblauen Sterntapeten beklebt waren, die man in jedem Kaufhaus kaufen konnte.

Nachdem Scrigg die Tür hinter Betty geschlossen hatte, verschränkte er die Arme vor der Brust und verkündete: »Ihr habt gehört, was der Galaxien-Kaiser gesagt hat: Ihr müßt lernen, euren Körper zu überwinden, um frei zu werden für ein Leben jenseits der sterbenden Erde; und ihr habt euch dazu bereit erklärt. Körper und Seele wehren sich gegen die Freiheit. Doch wir Sternenmenschen können Körper und Seele besiegen.«

Er hält sich also auch für einen Außerirdischen! dachte Betty, und Benny preßte unwillkürlich die Sohlen an den Kellerboden, als wollte er einen möglichst festen Stand finden.

»Toll!« Das war Ivy.

Ist die naiv! sagte Betty, wenn auch nur in Gedanken.

Irgendwie lauernd fuhr Scrigg fort: »Wie melden sich nun aber Körper und Seele, wenn etwas ihr Erdgebundensein bedroht, hm, habt ihr eine Idee?«

Betty hatte eine Idee. Und die Idee brachte sie dazu, den Kloß in ihrem Hals hinunterzuschlucken.

»Sie melden sich mit einem feigen Schrei«, dozierte der Prüfungs-Guru mit satter Genugtuung in das Schweigen seiner Opfer. »Mit einem Schrei, der in der Menschensprache Angst oder Schmerz heißt. Angst, das ist der Schrei der Seele, Schmerz, das ist der Schrei des Körpers. Wollt ihr lernen, diesen Schreien nicht mehr sklavisch zu folgen wie bisher?«

»Ja klar!« posaunte Ivy sofort.

»Und ihr?«

»Mal sehn.« Mehr brachte Betty nicht zustande, und Benny knurrte: »Kann schon sein.«

Nicht ohne Schärfe knurrte es zurück: »Ich weiß nicht, ob ihr so die erste Prüfung bestehen werdet.« Und an Ivy gewandt fragte der Hagere: »Wie heißt du mit Erdennamen?«

»Ivy.«

Der kugelköpfige Ersatzprüfer nickte und legte dem

Mädchen die Hand auf die Schulter. »Bei dir, Ivy, sieht es besser aus. Darum werde ich mit dir beginnen. Du kannst den anderen ein Beispiel geben. Willst du?«

Die Glückseligkeit in Person, jubilierte Ivy: »Ja, gern!« und sah Scrigg erwartungsvoll an.

Der nickte wieder. »Gut. Siehst du die Klappe dort in der Wand?«

»Ja.«

»Komm mit!«

Während Ivy sich neben dem Hageren vor das quadratische Wandtürchen stellte, stand Benny da wie ein Boxer vor dem Gong zur letzten Runde: voll konzentriert, die Muskeln locker und angespannt zugleich – und ganz in dem Bewußtsein der bevorstehenden Entscheidung. Auch Betty war klar: Jetzt wird sich zeigen, ob die Leute Gangster sind oder nicht; nur wie es sich zeigen sollte, das konnte sie nicht wissen. Und ohne es zu merken, schob sie sich näher an Ivy heran...

Ivy sah dem Hageren eher neugierig als ängstlich zu, als er mit der Langsamkeit eines altertümlichen Zeremonienmeisters die Hand auf die Klappe zu bewegte. »Ich werde die Klappe jetzt öffnen, und in deiner Erdengewohnheit wirst du...«, er riß die Klappe auf, »...erschrecken.«

»Iiih, eine Schlange!« schrie Ivy auf und wich ängstlich einen Schritt zurück.

Die Geschwister waren einen Augenblick wie gelähmt. In dem mit rotem Samt ausgelegten Wandfach lag tatsächlich eine Schlange: ein fingerdickes, grasgrünes Reptil, das die Kinder mit erhobenem Kopf aus kalten Augen zu fixieren schien und dabei die gespaltene Zunge vor- und zurückschnellen ließ. Weder Benny noch Betty fürchteten sich vor Schlangen. Aber in dieser undurchschaubaren Situation, in der sie dem angeblichen Sternenmenschen und seinen Kumpanen mehr oder weniger ausgeliefert waren, galten andere Gesetze.

»Du fürchtest dich?« fragte der Hagere Ivy, und diesmal sah Betty geradezu, wie er unter seinem Kugelkopf grinste.

»'n bißchen schon«, untertrieb Ivy mit ängstlich zurückgebeugtem Oberkörper.

Scrigg nickte, als wollte er »Gut so« sagen. »Wunderbar, dann können wir ja weitermachen.« Und mit einer Eindringlichkeit, die selbst Benny einen Schauer über den Rücken jagte, beschwor er Ivy: »Und obwohl du dich fürchtest, wirst du deine Hand auf die Schlange legen. Du wirst sie auf die Schlange legen, weil du mir und dem Galaxien-Kaiser vertraust und deine Angst, die dich an die sterbende Erde kettet, überwinden willst.« Und dann hob er die Hand, wies auffordernd auf das Reptil und murmelte hypnotisierend: »Du wirst es tun. Du wirst es tun. Du tust es!«

Von einer Sekunde zur anderen fiel die Lähmung von Betty ab. Ohne zu überlegen sprang sie an Ivys Seite, packte das Mädchen am Arm und rief: »Tu's nicht!«

Die Schlange zischelte und zog ruckartig den Kopf zurück.

Das war Bennys Startzeichen. Im Nu war er an der gegenüberliegenden Wand, und bevor der überraschte Sternentyp reagieren konnte, schlug er mit den Worten »Scheiß Schlange!« die Klappe zu.

Scrigg tat nichts. Er fauchte nur: »Was fällt dir ein! Mach sofort die Klappe wieder auf!«

»Ich bin doch nicht lebensmüde!« kam es postwendend zurück, und das klang so selbstsicher, so belebend frech und mutig, daß Betty wußte: Die kriegen uns nicht

klein! Von denen lassen wir uns nicht einmachen, auch wenn sie noch so 'ne Show abziehen!

Scriggs Stimme zitterte vor Wut und Verunsicherung über den unerwarteten Widerstand, als er Benny anbrüllte: »Ich befehle dir, die Klappe wieder aufzumachen!«

Jetzt war es Benny, der trotz der enormen Anspannung, unter der er stand, grinste: »Sie können mir gar nichts befehlen!«

Scrigg kam ihm bedrohlich nah. »Du wagst es, mir zu widersprechen?«

Doch auch das schüchterte Tarzan nicht ein. Er steckte mittendrin in seinem neuen Abenteuer, im neuesten Fall der Hobbydetektive Buff, Buff, Buff. Jetzt hieß es absolut cool bleiben. Und in action. Gerade das richtige für Benny Buff – auch wenn ihm die Angst im Nacken saß.

»Klar widersprech ich Ihnen, ich bin doch nicht Ihr Sternen-Otto, oder?« entgegnete er dem Kugelkopf und faßte gleichzeitig Ivys Hand. »Komm, Ivy, wir gehen!«

Während das Mädchen unsicher »Ja... aber... ich... ich weiß nicht...« stotterte, bellte Scrigg Benny an: »Jetzt reicht es! Was fällt dir ein, du... du Kröte!«

Benny faßte Ivys Hand fester. »Schlangen fressen Kröten, nicht?«

»Ja, Schlangen fressen Kröten!« zischte der Sternentyp. »Und deshalb bleibst du jetzt hier in diesem Raum, bis du zur Besinnung kommst. Die Tür läßt sich nämlich wunderbar von außen verriegeln!«

Das hätte er nicht sagen sollen! Mit der Sicherheit eines hundertfach erprobten Kampfinstinkts witterte Benny seine Chance und wußte sie augenblicklich zu nutzen. »Danke für den Tip!« rief er dem Hageren zu, riß gleichzeitig die Tür auf, trat dem vorwärtsstolpernden

Angreifer mit aller Kraft gegen das Schienbein und zog ihm, als der sich vorbeugte, um sich ans schmerzende Bein zu fassen, mit beiden Händen so kräftig den Kugelkopf nach vorn, daß die Augenschlitze verrutschten und Scrigg im Dunkeln stand. Betty hatte inzwischen die Tür aufgestoßen und Ivy auf den Kellergang hinausgeschupst. Benny sprang ihr nach,und als der Sternentyp sich fluchend aufrappelte, schlug er auch schon die Tür zu und schob den schweren, sternengold schimmernden Riegel in die Zarge: »Bye-bye, Bruder Scrigg!«

Die Geschwister verstanden sich wortlos: Scrigg würde mit allen Mitteln versuchen, ihnen seine Komplizen auf den Hals zu hetzen. Also mußten sie so schnell wie möglich ins Erdgeschoß hinauf. Doch das war leichter gedacht als getan. Ivy spielte nicht mit. Wie ein bockiges Kleinkind hielt sie sich am Türgriff fest und murmelte: »Ich komm nicht mit.«

»Aufmachen! Macht sofort auf!« brüllte es von innen, und dazu trommelte der eingesperrte Sternentyp mit den Fäusten gegen die Tür.

Benny blieb erstaunlich ruhig. Er faßte Ivy beinahe zärtlich bei den Schultern und sagte leise, aber eindringlich: »Mensch, Ivy, merkst du denn nicht, was hier los ist? Die wollen uns fertigmachen und sich daran hochziehen!«

Ivy senkte den Blick und schwieg. Sie wußte, daß Benny recht hatte, sie wollte es sich nur nicht eingestehen. Zuviel hatte sie sich von den Sternenmenschen versprochen, zu sehr hatte sie sich in den Wunschtraum hineingesteigert, die Probleme, die sie in der Schule und mit ihren Eltern hatte, auf einen Schlag hinter sich lassen zu können. Sie war auf Flucht programmiert: auf die Flucht aus dem Alltag, aus dem Leben.

»Macht sofort wieder auf!« brüllte Scrigg von neuem, und gerade als auch Betty versuchen wollte, das störrische Mädchen zur Vernunft zu bringen, näherten sich von irgendwoher Laufschritte, und eine Stimme rief: »Was ist denn los da? Bist du das, Scrigg?«

Benny reagierte sofort: Vorsichtig, um ihr nicht mehr als nötig wehzutun, bog er Ivys kleinen Finger nach hinten und löste so ihre Hand vom Türgriff. Dann faßte er sie unter die Achsel und zog sie eilig durch den Kellergang, von den näher und näher kommenden Schritten fort.

Ivy protestierte zwar: »Laß mich! Laß mich los!« Aber sie versuchte nicht sich loszureißen. Und so stolperten die drei, von Scriggs Gebrüll begleitet, auf den Treppenaufgang zu.

»Scheiß Gören!« schrie der Sternenprüfer. »Stuck! Stuck! Paß auf, die hauen ab! Laß sie nicht raus! Hörst du? Schnapp sie dir! Und dann mach hier endlich auf!«

Betty blieb auf der untersten Treppenstufe stehen. »Wartet! Wenn sie uns nicht rauslassen wollen, dann versuchen sie uns garantiert oben zu erwischen. Kommt, wir verstecken uns erst mal hier unten! Gleich links hab ich 'ne Tür gesehen!«

Dank des federnden Bodenbelags und der Biegung, die der Gang unmittelbar vor der Treppe machte, schafften die Kinder es, unbemerkt in den Raum zu huschen, den Betty im Vorbeilaufen entdeckt hatte.

Bevor Betty die Tür leise zuzog, hörten sie noch, wie jemand den Riegel vor dem Schlangenraum zurückschob. Gleich darauf fragte Scrigg: »Ist oben jemand an der Haustür?«, und der Mann, den er Stuck gerufen hatte, antwortete: »Ja, Screw.«

Einen Augenblick war es still. Dann fluchte Scrigg

unmittelbar vor dem Versteck der Kinder: »Verdammter Mist! Ich hab ja immer gesagt, wir brauchen 'ne Vorprüfung oder so was. Der Bengel sieht ganz so aus, als könnte er plappern. Jetzt müssen wir ihn so in die Mangel nehmen, daß ihm der Spaß daran vergeht. Sie haben sich bestimmt im Erdgeschoß verkrochen. Komm, gehen wir rauf!«

»Hörst du das, Ivy?« flüsterte Betty und packte das Mädchen am Arm. »So sprechen keine Sternenmenschen. Das sind Gangster. Ganz einfach Gangster!«

Die Maske fällt

Sicher, die Männer waren Gangster, daran gab es keinen Zweifel mehr. Nur: was für Gangster? Diebe? Einbrecher? Erpresser? Bestimmt nicht! Aber was dann? Betty und Benny blieb keine Zeit, darüber nachzudenken. Sie hatten genug damit zu tun, Ivy zu überzeugen, daß sie bei ihnen besser aufgehoben war, als bei dem Mann, der sich Bruder Scrigg nannte, oder bei dem undurchschaubaren Galaxien-Kaiser. Und dann die Flucht! Aus dem Keller schien es kein Entkommen zu geben. Also mußten sie doch ins Erdgeschoß hinauf! Aber dazu mußten sie erst mal ihr Versteck verlassen. Und das war leichter gesagt als getan: Pausenlos waren Stimmen auf dem Kellergang zu hören. Und sowohl die Treppe schräg gegenüber als auch eine zweite, die möglicherweise Stuck heruntergekommen war, waren garantiert der sicherste Weg, um den Banditen in die Arme zu laufen. Also hieß es warten.

Nahezu eine Stunde saßen Betty, Benny und Ivy in dem ungemütlichen Kellerraum fest. Dann schien die Gelegenheit günstig. Nichts war zu hören, kein Rufen, keine Schritte. So leise wie möglich öffnete Benny die Tür, und die drei machten sich auf die Suche nach einem Fluchtweg.

Um drei Ecken waren sie schon geschlichen, in vier Räume hatten sie schon gespäht, da flüsterte Betty: »Versuch's mal an *der* Tür!«

Benny drückte den Türgriff hinunter, als wäre er aus rohen Eiern, und zog die Tür vorsichtig auf, da hörte er ganz in der Nähe Schritte; denn dieser Kellergang war nicht mit dem dunkelblauen Federbelag ausgelegt.

Wieder reagierte Tarzan mit der Schnelligkeit eines Flipperkönigs: »Los, rein hier! Da kommt jemand!« Und auch Ivy machte hastig einen Schritt nach vorn – Tür zu, Luft holen, abwarten...

»Es ist so dunkel hier!« flüsterte Ivy und schmiegte sich wie ein ängstliches Hündchen an Bettys Seite.

Benny tastete die Wände nach einem Lichtschalter ab. Umsonst.

Derweil trappelten draußen die Schritte vorbei, verstummten und – kamen wieder zurück.

Betty faßte Ivys Hand. »Jetzt steht er draußen vor der Tür!« Und Ivy hauchte, den Tränen nah: »Vielleicht ist das ja 'n echter Sternenmensch. Ich meine 'n guter. Einer, der uns helfen will.«

Deinen Glauben möcht ich haben! dachte Benny – da ging die Tür auf.

Wortlos und mit angehaltenem Atem preßten sich die drei an die Wand. Ein Schatten fiel überlebensgroß in den Raum. Dann knipste der Mensch im Türrahmen eine Taschenlampe an und ließ den Halogenstrahl über verstaubte Regale hüpfen, in denen Gemüsedosen und H-Milch-Tüten ihr Dasein fristeten. Ivy starb fast vor Angst.

Auch wenn sie sich immer wieder Hoffnungen machte – das Erlebnis mit der Schlange hatte ihr doch einen gewaltigen Schrecken eingejagt.

»He, Stuck! Wo steckst du?« Die Stimme kam von weiter her. Aus dem Kellergang vielleicht.

Der Mann in der Tür schaltete die Halogenleuchte aus und antwortete: »Ich guck grad ins Magazin!«

Jetzt hörten die Kinder, wie Scrigg über den Flur näher kam. »Laß doch!« knurrte er. »Komm lieber noch mal mit rauf! Unten ist alles vergittert, da können sie uns eh nicht entwischen!«

»Okay!« erwiderte Stuck, schlug die Tür zu und schloß ab.

Benny atmete hörbar auf auf: »Pfff – das war knapp!« Doch die Erleichterung sollte nicht lange währen. Betty gab sich keiner falschen Hoffnung hin. »Der hat doch zugeschlossen!« flüsterte sie und versuchte, den kaum wahrnehmbaren Lichtstreifen wiederzuentdecken, der unter der Tür durchsickerte.

Ivy faßte Bettys Ärmel. »Hat er uns eingeschlossen? Echt?«

»Ich seh mal nach!« Benny schlich zum Eingang hinüber und rüttelte leise am Türdrücker. »Ja. Dicht.«

Ivy fing an zu weinen. »Jetzt sind wir eingesperrt! Das ist eure Schuld. Allein eure Schuld!«

Betty legte ihre Hand auf Ivys Schulter. »Ja, das ist unsere Schuld. Aber weißt du, was sie mit dir gemacht hätten, wenn wir dich nicht mitgeschleift hätten?«

»Du bist gemein!« Ivy schob Bettys Hand weg und schluchzte lauter. »Du bist gegen die Sternenmenschen. Du willst...«

»Sei mal still!« In Bennys Worten lag soviel Dringlichkeit und Erschrecken, daß Ivy ihr Schluchzen unterdrückte und mit den Geschwistern in die Stille horchte. Da: ein Schmerzensschrei. Ein greller Aufschrei, der durch zehn Wände zu dringen schien, um sich in einem kaum vernehmbaren Jammern aufzulösen, das in der Finsternis hängenblieb wie aufgewirbelter Staub.

Wieder war es Benny, der den Schreck als erster abschüttelte. »Kommt!« flüsterte er und tastete nach Bettys Hand, um mit ausgestrecktem Arm vorsichtig in die Dunkelheit hineinzumarschieren.

Aber Betty blieb einfach stehen. »Wo willst du hin?«

»Ich will wissen, wer da geschrien hat. Und warum.«

»Das ist viel zu gefährlich.«

»Gefährlich ist hier alles. Woher weißt du, daß nicht im nächsten Augenblick dieser Gallenkaiser höchstpersönlich zur Tür reinkommt und uns wie drei goldene Sternschnuppen aufsammelt, hm?«

Nein, Benny war nicht mehr zu stoppen. Wenn irgend jemand Unrecht geschah, wenn jemand geschlagen oder gefoltert wurde, dann hielten ihn keine zehn Pferde. Dann *mußte* er etwas unternehmen, gleichgültig, ob er sich dabei in Gefahr begab oder nicht. Betty wußte das, und ohne weiteren Widerspruch folgte sie, Ivy fest an der Hand, ihrem Bruder durch den stockfinsteren Raum.

Doch schon nach den ersten Schritten begann sich Ivy zu sträuben. »Ich will da nicht hin!« flüsterte sie und schluchzte laut auf.

Wieder bewies Benny eine schier unglaubliche Ruhe: »Ich will auch nicht!« antwortete er dem weinenden Mädchen. »Ich will nur sehen, was da los ist. Und raus will ich hier! Vielleicht ist da ja irgendwo 'ne offene Tür.«

»Der Galaxien-Kaiser ist bestimmt kein Verbrecher!« kam es trotzig zurück. Und auch darauf wußte Benny etwas zu sagen, das, so nichtssagend es war, soviel

Wärme ausstrahlte, daß es Ivys Widerstand auflöste: »Nein, vielleicht ist er kein Verbrecher. Aber komm jetzt: Wenn wir hier Wurzeln schlagen, das bringt auch nichts.«

Also trottete Ivy, weinend aber widerstandslos, an Bettys Hand hinter den Geschwistern her – wohin, das war ihr gleich.

Irgendwie belebte es die drei, daß Benny sich an einem Regal das Knie stieß. Sein »Au! Mist! Verflucht!« paßte so wenig zu dem Galaxien-Zauber, in den die Gangster sie hineinzuziehen versuchten, daß sogar Ivy zu jammern aufhörte und, auch wenn sie es nicht einmal sich selber gegenüber zugab, zum ersten Mal uneingeschränkt hoffte, endlich aus diesem Keller herauszukommen.

Deshalb war es kein Zufall, daß sie alle im selben Moment den Lichtschein entdeckten, der wie ein Wegweiser vor ihnen auf dem Estrich lag.

»Vielleicht ist das 'ne Tür!« hauchte Benny. »Sekunde!« Dann ließ er Bettys Hand los und schlich auf Zehenspitzen vorwärts.

Ja, dort war eine Tür! Langsam, ganz langsam bewegte Benny den Drücker abwärts und zog sie auf. Betty und Ivy hielten den Atem an: Je weiter Benny die Tür öffnete, die ganz offenkundig auf der anderen Seite, hinter einem dichten Samtvorhang verborgen, das Magazin mit dem Galaxien-Saal verband, desto deutlicher waren die Worte zu verstehen, die der Galaxien-Kaiser in hypnotisierendem Singsang predigte:

»Euer Wissen von Gut und Böse ist an diesen Planeten gebunden. Gelernt habt ihr, die Güter des Erdballs zu achten, die Materie zu lieben, das Eigentum der anderen zu wahren, den Reichtum zu mehren. Ich aber sage euch: Die Güter dieser Welt, alles Gold, alle Edelsteine, alle wertvollen Waren wie Computer, TV-Geräte und Autos sind nichts als grobe Hindernisse auf dem Weg ins Sternenleben. Und darum wollen wir sie vernichten. Das wird eure letzte Prüfung sein auf dem Weg fort von der Erde, hin zu den fernen Galaxien: Ihr werdet denen, die hierbleiben werden, dabei behilflich sein, sich wenigstens ein Stück weit zu befreien. Zu befreien von dem, was sie an das Erdenleben bindet. Das wird eure letzte und höchste Tat sein, bevor ihr aufsteigt zu den Welten der geistigen Freiheit, bevor ihr aus der Neuen Welt für die Zurückgebliebenen da sein werdet. Seid ihr bereit zu dieser letzten Prüfung? Seid ihr bereit, den Anweisungen eures Galaxien-Kaisers unbedingte Folge zu leisten?«

»Ja, wir sind bereit! Wir folgen dir!« drang es vielstimmig durch den Vorhang, und Benny und Betty wußten: Da stehen sie wieder, die vermummten Kinder und Jugendlichen, und schwören ihrem Ober-Guru Treue.

Bettys Herz pochte bis in den Hals. Was hat er nur vor? fragte sie sich. Wohin sollen sie ihm folgen?

Die Antwort gab ihr der Kaiser höchstpersönlich: »Nun denn, höret meine Weisung«, setzte er seinen Singsang fort. »Der Ort dieser sterbenden Erde, an dem ihr lebt, ist London. Und das Geld, ohne das der Wahnsinn des Erdenlebens nicht möglich wäre, ruht in den Tresoren der London City Bank – Geld in Millionenhöhe! Ihr werdet die Eigentümer dieses Geldes von ihren Fesseln befreien! Sie werden euch nicht danken dafür. Aber der Dank der Sternenwelt wird euch gewiß sein. Seid ihr bereit, die Millionen der London City Bank in den Galaxien-Saal zu schaffen, wo ich, der Galaxien-Kaiser, es mit der unendlichen Kraft meines Geistes zu Asche werden lasse, um es in die Unendlichkeit des Weltalls zu zerstreuen?«

Noch einmal hielt Betty die Luft an. Sie konnte einfach nicht fassen, was ihre Altersgenossen dort drinnen diesem Gangster von Kugelkopf antworteten: »Ja!« riefen sie wie aus einem Munde. »Ja, wir sind bereit! Wir werden dir die Millionen bringen!«

Auch Benny war baff. »Daher weht der Wind!« flüsterte er unwillkürlich und ballte die Fäuste. Schon bei den ersten Worten der Weisung, die der Gangster den Kindern und Jugendlichen im Nebenraum erteilte, hatte er begriffen, worauf der Zauber hinauslief: auf eine simple, ja plumpe und doch so raffiniert vorbereitete Anstiftung zum Raub, wie sie die Kriminalgeschichte noch nicht gesehen hatte! Aber: Was sollten *sie* dagegen unternehmen?

Ihr Auftritt, Inspektor Macintosh!

»Nun denn, höret meinen Plan!« fuhr der Obergangster in seiner gestelzten Art fort, und die Genugtuung über seine offensichtlich erfolgreiche Rattenfängerei schwang in jedem seiner Worte mit. »Höret, was ich euch ...« – weiter kam er nicht.

»Höret, höret, hört hört!« krächzte ihm jemand dazwischen, um gleich darauf in ein atemberaubendes Husten auszubrechen.

Betty und Benny kam es vor, als hätte sich nun wirklich die Himmelspforte geöffnet – allerdings auf eine ganz und gar andere Weise, als der Kindesverführer hinter dem Vorhang es sich ausmalte: Lord Jickledy war es nämlich, der auf seine unverwechselbare Art den Oberguru nachäffte.

Benny war drauf und dran, in den Galaxien-Saal zu stürmen. Doch als er Bettys Hand auf seiner Schulter spürte, wußte er, die Devise hieß: Abwarten und Tee trinken. Jickledy hatte gewiß nicht allein den Weg ins Hauptquartier der Sternengangster gefunden.

Sekunden später zeigte sich, daß diese Überlegung ins Schwarze traf:

»Wer wagt es, so mit mir zu sprechen?« röhrte der Galaxien-Kaiser mit ungeahnter Kraft in den Saal.

»Ich!« kam es ruhig, knapp und trocken zurück; aber nicht von Jickledy, sondern von Onkel Mac!

Nun konnte selbst Betty sich nicht mehr beherrschen: Mit dem einen Arm umfaßte sie Ivy, mit dem anderen Benny, um beide an sich zu drücken, als wollte sie mit ihnen in einem Freudentanz zum Galaxien-Saal hinüberwirbeln.

Doch die Wirklichkeit sah anders aus. Sie waren nicht allein mit Onkel Mac und Lord Jickledy in der Höhle des Löwen. Die jugendlichen Kugelköpfe, die der Kaiser eben auf sich und sein Verbrechen einschwor, begannen zu murren, und einige von ihnen nahmen sogar eine drohende Haltung ein.

Während Betty den Vorhang einen Spaltbreit öffnete, um in den Galaxien-Saal spähen zu können, flüsterte sie hastig: »Wir bleiben erst mal hier. Falls Onkel Mac in Schwierigkeiten kommt, können wir ihm besser helfen, wenn wir das Überraschungsmoment für uns haben.«

Das leuchtete Benny ein, wenn er auch zu gern an Onkel Macs Seite gestürmt wäre, um ihm demonstrativ und augenblicklich beizustehen. – Onkel Mac! Zu erkennen war er nicht. Jedenfalls nicht direkt, denn er schien sich auf beste Anfängerart in der Kleiderkammer ausstaffiert zu haben: mit weißem Umhang und Kugelkopf.

Lord Jickledy war gar nicht zu sehen. Vermutlich war er durch den Lüftungsschacht in den Keller hinunter geflattert und hustete durch ein verdecktes Abzugsgitter.

Trotzdem machten die Geschwister ihren Onkel sofort aus: Der auffallend große Sternenmensch in der Mitte des Raumes, das mußte er sein, denn alle anderen Weißkittel hatten ihm die vermummten Köpfe zugewandt.

Die Solidarität der Jugendlichen stärkte dem Obergangster den Rücken. Er richtete sich im Sitzen auf, als hätte er ein Lineal verschluckt, und grollte an Onkel Macs Adresse: »Willst du die jungen Erdenmenschen, die vor der letzten Prüfung stehen, welche sie zu Sternenmenschen macht, an ihrem Weg zu den fernen Galaxien hindern?«

Jetzt platzte Onkel Mac der Kragen. »Bei Rasputins Sommersocken«, donnerte er los, daß die Wände wackelten, »jetzt aber Schluß mit dem Quatsch! Sternenmenschen, daß ich nicht lache! Zum Einbruchdiebstahl wollen Sie die jungen Leute hier anstiften. Das ist doch nicht zu fassen!«

Das Gemurmel der Jugendlichen wurde drohend. Vereinzelt wurden Rufe laut wie: »Du bist hier nicht gefragt, Opi! Mach dich dünn! Das lassen wir uns nicht gefallen! Laß den Kaiser in Ruhe!« Und ein Mädchen kreischte pausenlos: »Frevler! Frevler! Frevler!«

Betty und Benny wurde mulmig zumute. Und Ivy, die dem Geschehen wortlos wie einem unbegreiflichen Schauspiel gefolgt war, hätte am liebsten auf der Stelle kehrtgemacht, um sich in der äußersten Ecke des Magazins zu verkriechen.

Der Galaxien-Kaiser bekam zusehends Oberwasser. »Ein Wort noch«, fuhr er Onkel Mac selbstherrlich an, »ein Wort, und mein Blick wird dich in Nichts auflösen!«

Doch damit erreichte er das Gegenteil von dem, was er sich erhoffte: Onkel Mac lachte ihn kurz und bündig aus und fragte provozierend. »So? Wird er das? Na los, dann lösen Sie mich auf! Worauf warten Sie noch?«

Zum ersten Mal herrschte Schweigen im Saal. Die Jugendlichen schienen zu spüren, daß es auf eine Entscheidung hinauslief; oder glaubten sie: Jetzt zeigt der Kaiser seine überirdischen Kräfte, jetzt werden wir Zeugen seiner Allmacht? Aber da hatten sie sich getäuscht. Ihr Ober-Guru begnügte sich damit, böse zu knurren: »Ich werde meine kaiserliche Kraft der fernen Welten nicht an einen Frevler vergeuden.«

Ein paar Sekunden sagte niemand etwas. Dann ballte der Kaiser plötzlich die Fäuste und brüllte beschwörend: »O nein, nicht ich, sondern meine Getreuen werden dich, als Teil ihrer letzten Prüfung, vernichten!«

Sie sollen Onkel Mac umbringen! schoß es Betty durch den Kopf, und gleichzeitig wußte sie: Wenn die irregeleiteten, aufgeputschten Kinder und Jugendlichen dort drinnen den Onkel angreifen würden – sie wäre bei ihm, auch wenn das noch so unüberlegt war.

Aber soweit kam es nicht. Onkel Mac wußte sich selbst seiner Haut zu wehren. Während um ihn herum immer mehr Mädchen und Jungen kreischten: »Bringt den Verräter um! Er hat den Kaiser beleidigt! Er will uns den Weg zu den Sternen verbauen!«, während zwei größere Jugendliche ihn zu packen versuchten und während der Gangster sie mit der Aufforderung: »Greift ihn euch!« noch mehr aufputschte, pflügte Onkel Mac wie ein angestochener Kampfstier quer durch die Masse der Weißbekittelten auf den Goldpapier-Thron zu. Und noch ehe der Gangster-Kaiser es sich versah, stand er vor ihm, die Dienstwaffe in der Faust.

»Super!« rief Benny, der Onkel Macs Aktion wie ein Tiger auf dem Sprung beobachtet hatte, und dann stürmte er, gefolgt von Betty und Ivy, zum Kriminalinspektor hinüber, um in der Pose eines Justizwachmanns schräg hinter dem Gefangenen Stellung zu beziehen.

Onkel Mac hob kurz die Waffe, als er den kugelköpfigen Benny auf sich zustürzen sah. Aber dann erkannte er Bettys Stimme, die den Aufruhr der durcheinanderschreienden Kinder für einen Augenblick übertönte. »Das sind wir, Onkel Mac! Benny und ich und ein Mädchen!«

Ivy wußte immer noch nicht, was los war. Sie hielt sich so nah wie möglich an Betty und schrie ihr erschrocken ins Ohr: »Euer Onkel ist ja bewaffnet!«, und Betty schrie zurück: »Er ist beim Yard!«

Im selben Moment kämpften sich die beiden Jungen, die im Gewühl versucht hatten, Onkel Mac zu packen, durch die Menge der aufgeschreckten Jugendlichen. Sie wollten sich auf Onkel Mac stürzen. Wollten ihrem Kaiser beistehen.

Onkel Mac erkannte die Gefahr und schätzte sie richtig ein: Die beiden waren bestimmt so fanatisch, daß sie ihr Leben für den Gangster aufs Spiel setzten. *Ihnen* würde er nicht drohen können. Also hielt er sich an den Guru, denn die beiden würden mit Sicherheit alles unterlassen, womit sie ihren Herrn und Meister in Gefahr bringen könnten. Blitzschnell tat Onkel Mac etwas, das er normalerweise verurteilte: Er drückte dem Gangster den Pistolenlauf an die Stelle der Kugelkopffassade, hinter der er die Schläfe vermutete, und brüllte: »Halt, oder euerm Kaiser geht's schlecht!«

Das wirkte: Während die Jungen unsicher stehenblieben, keifte der Obergangster: »Haltet inne, Brüder und

Schwestern! Rührt euch nicht! Wartet ab! Die gerechte Strafe wird den Frevler ereilen, ehe er sich's versieht.«

»Zur neunmal geschwänzten Wasserkatze!« knurrte Onkel Mac. »Halten Sie endlich Ihren Schnabel! Ihre Sprüche können Sie sich für den Haftrichter aufsparen!«

Die Situation war chaotisch. Wie ein Schluck Wasser in der Kurve hing der Kaiser auf seinem Papiersessel, Onkel Macs Waffe an der Kugelkopfschläfe. Seine Anhänger standen da wie gefesselt. Niemand wagte sich zu rühren. Einige flüsterten miteinander. Ein paar Mädchen weinten. Sie waren hilflos. Entsetzt. Ohnmächtig vor Wut und Furcht. Und alle – einschließlich Onkel Mac, Benny und Betty – steckten sie nach wie vor in diesen ebenso lächerlichen wie gespenstischen Kugelkopfkostümen.

Trotzdem: Benny war hellwach. Plötzlich fielen ihm die anderen Gangster ein. Aufgeregt und lauter als nötig bestürmte er den Inspektor: »Onkel Mac! Die andern Typen! Dieser Scrigg und dieser... dieser... egal – die hau'n doch ab!«

»Zum Kuckuck, Benny, glaubst du ich bin von gestern?« blubberte der Kugelkopf mit der Pistole zurück. »Die Herren sind längst auf dem Weg in den Yard. Und zwei Streifenwagenbesatzungen halten die Ein- und Ausgänge besetzt.«

Benny atmete tief durch. »Sorry, Sir!« Und er nahm wie selbstverständlich seinen Kugelkopf ab.

»Recht hast du!« brummelte es unter Onkel Macs Verkleidung, und mit einer einzigen schnellen Bewegung entledigte auch er sich der unförmigen Maskerade. Dann war Betty dran und – der Kaiser. Aber das nicht freiwillig! Onkel Mac zog die Waffe eine Handbreit von der weißen Kugel zurück und forderte Benny auf: »Nimm ihm mal den Globus ab!«

»Untersteh dich!« begann der Obergangster in ungewohnt aufgebrachter Sternenknilch-Manier zu motzen, aber dabei blieb es auch, denn Onkel Mac machte eine knappe, ruckartige Bewegung mit der Dienstwaffe, die für sich sprach: Klappe, Freundchen, du hast hier nichts mehr zu befehlen!

Benny trat hinter den Kaiser und packte nach Herzenslust zu. Ein Ruck, ein vielstimmiger Aufschrei seiner Anhänger – und das Geheimnis war gelüftet: Unter dem Sternenballon kam kein E.T.-Schädel und keine Alf-Birne, sondern ein ganz normaler englischer Durchschnittskopf zum Vorschein: der verschwitzte Krauskopf eines etwa vierzigjährigen, mehr verängstigt als verschlagen dreinblickenden Mannes, der offensichtlich mit seinem Latein am Ende war.

Für die Kinder und Jugendlichen im Saal kam dieses Entblößen ihres Kaisers einer Enthauptung gleich. »Nein! Der Kaiser! Nein! Nein!« schrien sie auf, und einige Mädchen und Jungen schienen sogar in Tränen auszubrechen.

Onkel Mac war erschüttert. Soviel er in der vergangenen Dreiviertelstunde auch mitbekommen hatte, ein solches Ausmaß an blinder, ja fanatischer Gefolgschaft hatte er nicht erwaret. Was mußten diese jungen Leute in ihrem Alltag entbehren, daß sie es mit den Floskeln und Lügen eines derartigen Ersatzgottes auszugleichen versuchten.

Mit kameradschaftlicher Wärme und mühsam nach Worten suchend wandte sich Onkel Mac an die Kinder und Jugendlichen, die ihm geschockt und feindselig gegenüberstanden: »Tja, das ist er, euer Kaiser... Bestimmt habt ihr ihn euch anders vorgestellt, aber – so ist das nun mal... So, und jetzt nehmt auch ihr mal diese scheußlichen Kapuzen ab. So kann man ja unmöglich miteinander reden.«

Niemand rührte sich.

»Die Kapuzen! Nun nehmt sie doch ab!« wiederholte der Inspektor einen Deut eindringlicher. Und als auch das nicht fruchtete, schüttelte er mehr traurig als verärgert den Kopf und murmelte dabei vor sich hin: »Jeujeu, hat der Mann euch eingewickelt!«

Dann holte er tief Luft und fuhr den entmachteten Kaiser in aller Schärfe an: »Sagen Sie ihnen, sie sollen ihr Gesicht freimachen!«

Gequält und mit einer tragikomischen Lächerlichkeit winselte der entblößte Guru: »Enthebt euch eures Sternenhauptes, Brüder und Schwestern! Denkt an das Leben eures Kaisers!«

Zaghaft hoben sich die Kinder und Jugendlichen die Kugelköpfe von den Schultern, und die Gesichter, die nun zum Vorschein kamen, machten erschreckend deutlich, was ihre Stimmen schon verraten hatten: Wut, Verzweiflung, Einsamkeit.

Onkel Mac zwang sich zur Sachlichkeit. Ernst und dennoch locker begann er zu sprechen. Doch so ganz gelang es ihm nicht, seinen Zorn im Zaum zu halten: »So, jetzt seht ihr wenigstens wieder menschlich aus. Von einigen eurer Eltern weiß ich, daß ihr euch in der letzten Zeit seelische und körperliche Verletzungen zugefügt habt. Ihr sagt, ihr habt das freiwillig getan. Nach dem, was ich eben miterlebt habe, weiß ich, daß das nicht stimmt. Dieser Mann hier, der sich Galaxien-Kaiser nennt, hat euch dazu verführt. Er und seine Helfershelfer haben sich an euren Schmerzen ergötzt, wenn ihr euch überm Kerzenfeuer die Haut versengt oder euch gegenseitig Stichwunden zugefügt habt. Aber nicht nur aus krankhaft sadistischer

Freude, nein. Er hat euch Gehorsam gelehrt! Er hat euch beigebracht, eure eigenen, natürlichen Bedürfnisse aufzugeben und nur noch das zu tun, was er von euch verlangt: den größten Bankraub der Kriminalgeschichte! Für ihn! Die Millionen in den Tresoren der London City Bank, das ist sein wahres, sein einzig wahres Ziel!«

Ein allgemeines Protestgemurmel zeigte Onkel Mac, was er mit seiner Rede bei der Mehrzahl seiner Zuhörer bewirkte. Als schließlich jemand rief: »Das ist gelogen! Sie wollen den Kaiser nur schlechtmachen, Sie Teufel!«, da packte ihn endgültig die Wut.

»Dreimal gestiefelter Backenzahn«, brüllte er los, »seid ihr wirklich schon so blind? Hat seine Methode wirklich so gefruchtet, daß ihr das Offensichtliche nicht mehr seht? Wo ist denn die Allmacht eures Sternenkaisers? Wenn er ein so hohes Geistwesen ist, warum zittert er dann wie ein ganz normaler Erdenmensch vor meiner Dienstwaffe? Warum sollte ich kleiner Polizeibeamter ihm etwas anhaben können? Kommt euch das nicht seltsam vor?«

Wieder lief ein Gemurmel durch die Reihen. Aber diesmal klang es anders als zuvor. Überraschung schwang darin mit. Erstaunen. Enttäuschung.

Onkel Mac wußte den sich andeutenden Stimmungsumschwung zu nutzen. Mit einer für Betty und Benny ungewohnten Einfühlsamkeit fuhr er fort: »Ich verstehe euch ja. Bei euch zu Hause, in der Schule, am Arbeitsplatz ist nicht alles so, wie es sein sollte. Viele von euch haben bisher nirgendwo die Liebe gefunden, die zu einem menschenwürdigen Leben gehört. Manche sind geschlagen worden, oder sie sitzen, was vielleicht noch schlimmer ist, arbeitslos auf der Straße. Zudem müßt ihr täglich mit ansehen, wie die Erwachsenen diese Erde zerstören, wie sie Tiere und Pflanzen ausrotten und so viele Waffen anhäufen, daß sie den ganzen Erdball damit auseinandersprengen können. Aber glaubt ihr im Ernst, daß Flucht der richtige Weg ist? Wäre es nicht besser, ihr würdet gemeinsam versuchen, hier, in dieser Stadt, auf dieser Erde das zu ändern, was ihr mit Recht unerträglich findet? Glaubt mir, es gibt genug Jugendgruppen, in denen das möglich ist.«

Mit dieser Ansicht verschenkte Onkel Mac ein paar Zentimeter des eben erst gewonnenen Bodens. »Pah«, rief jemand verächtlich, »Jugendgruppen! Da wird doch bloß dumm rumgesülzt, weiter nichts.«

Da löste Betty ihre Hand aus der Ivys, die sich bis jetzt fest in ihre gekrallt hatte, und sie sprang ihrem Onkel bei und machte den verlorengegangenen Boden schnell wieder gut. »Und was ist hier gelaufen?« rief sie aufgebracht in den Saal. »Hier habt ihr überhaupt nicht geredet! Nur gehorcht! Und was habt ihr getan? Euch weh getan habt ihr. Und klauen wollt ihr!«

Wieder gab es Proteste: »Halt doch die Klappe! Was weißt du denn!« Aber längst nicht mehr alle ergriffen für ihren Kaiser Partei oder versuchten von sich zu weisen, was Onkel Mac und Betty ihnen deutlich machten.

Ausgekaisert

Onkel Mac führte den Oberguru ab. Niemand versuchte, sich ihm in den Weg zu stellen. Und auch der Kaiser wußte: Er hatte verspielt. Den Blick stur geradeaus gerichtet, ließ er sich vom Inspektor aus dem Saal schieben.

Im Erdgeschoß warteten Granny und Buck gemeinsam mit Kriminalassistent Baxter auf die Sternenkämpfer. Mit der üblichen Mischung aus Schimpfen und Freudentränen schloß die Großmutter ihre Schäfchen in die Arme. Lord Jickledy war zum Schweigen verdonnert: Damit er seine angeschlagenen Stimmbänder nicht noch mehr strapazierte, hatte Granny sich dazu durchgerungen, ihm den Schnabel zuzubinden.

Onkel Mac übergab den Kaiser einer Streifenwagenbesatzung. Die anderen Beamten orderten über Funk drei weitere Wagen, notierten die Namen der Kinder und Jugendlichen im Galaxien-Saal, und ihre Kollegen chauffierten die Verführten heim zu ihren Eltern.

»Fährst du Ivy nach Hause?« fragte Betty Onkel Mac.

Der Onkel nickte, und als er Baxter die Leitung über die noch auszuführenden Routinearbeiten übertragen hatte, kletterten die Drillinge, Ivy und Granny mit Lord Jickledy in der schützenden Hand in seinen Dienstwagen.

Ivy wohnte sozusagen um die Ecke, in der Great Portland Street *(zwischen Code 34 und 48)*. Als Onkel Mac vor dem unscheinbaren Mietshaus Nummer 63 stoppte, umarmte sie Betty und flüsterte mit Tränen in den Augen: »Danke! Und – besuch mich mal!«

Betty war selbst kurz davor, loszuheulen. »Mach ich.« sagte sie. »Morgen ruf ich dich an, okay?«

»Okay! Bye, Benny!«

»Bye, Ivy, mach's gut!«

Onkel Mac stieg mit aus, um Ivys Eltern zu erklären, wo ihre Tochter herkam, und sie darauf vorzubereiten, daß noch das eine oder andere Verhör nötig sein würde, um Beweismaterial gegen den Galaxien-Kaiser und seine Komplizen zu sammeln.

Als er zum Wagen zurückkam, wirkte er noch nachdenklicher als vorher. Nur Benny wagte es, ihn anzusprechen: »Ist irgendwas mit ihren Eltern?«

Onkel Mac drehte den Zündschlüssel herum und zuckte die Achseln. »Was soll schon sein. Als ich mich mit Inspektor Macintosh vorstellte, hat Ivys Mutter ihr sofort eine runtergehauen. Mitten ins Gesicht. Tja...«

Niemand sagte etwas. Und Granny und Buck spürten: Was Betty, Benny und Onkel Mac in dem seltsamen Keller gesehen und gehört hatten, das konnten sie nicht so ohne weiteres abschütteln.

Während der folgenden Minuten geisterten Betty, Benny und Onkel Mac noch einmal die Erlebnisse der letzten Stunde durch den Kopf, und jeder von ihnen sagte sich im stillen dasselbe:

Es ist wirklich kaum zu fassen: Da ist es einem raffgierigen und machtbesessenen Verbrecher gelungen, die seelische Not einer großen Zahl von Jungen und Mädchen skrupellos für seine Ziele zu nutzen. Er hat es geschafft, ihnen ein nichtexistierendes geistiges Jenseits vorzugaukeln, das jedes Opfer wert sei. Er hat sie blind gemacht für das Unrecht, das sie dafür zu begehen bereit waren. Und er hat es fertiggebracht, die Jugendlichen derart von sich abhängig zu machen, daß sie ihr Ich aufgaben, in blindem Gehorsam erstarrten und sich die schlimmsten Schmerzen zufügten. Wird es möglich sein, diese Mädchen und Jungen *wirklich* davon zu überzeugen, daß ihr Herr und Meister ein Betrüger und Gangster der allerschlimmsten Sorte ist? Und ist die Polizei dafür die richtige Adresse?

»Verdammter Mist!« fluchte Onkel Mac und meinte damit den Stau kurz vor der Marylebone High Street *(Code 62)*, der sich nach einem Auffahrunfall gebildet hatte. Aber gleichzeitig zog er damit einen Schlußstrich unter seine Grübelei, und genauso verstanden es die anderen.

Mit befreiender Spontaneität stellte Benny seinem Onkel auch gleich eine Frage, die die kriminalistische Seite des Falles Galaxien-Kaiser in den Vordergrund rückte: »Willst du den Ober-Kugelkopf heute noch verhören?«

Onkel Mac nahm den Gang heraus und kurbelte die Scheibe herunter. »Ja, unbedingt. Aber erst in zwei, drei Stunden. Solange soll er ruhig noch schmoren.«

»Und die anderen Kugelköpfe?« fragte Betty.

»Die knöpft sich Baxter vor.«

»Und die Jungen und Mädchen ...«, fragte nun auch Buck, „werden die irgendwie bestraft?"

Onkel Mac zögerte einen Moment, um schließlich mit einer dicken Sorgenfalte auf der Stirn in dienstlichem Tonfall zu antworten: „Wenn sie bereits kriminelle Handlungen für diesen sogenannten Kaiser ausgeführt haben, wird – vorausgesetzt, sie sind schon strafmündig –, mit Sicherheit Anzeige erhoben werden. Wie das dann ausgeht, dazu kann ich nichts sagen. Schließlich hat der Kerl sie eindeutig zu den Straftaten verführt. Das wird für den Haftrichter eine Rolle spielen.«

»Und der Typ, der die Rede im Hyde Park gehalten hat?« wollte Benny wissen.

»Den hatten sie in einer Abstellkammer eingeschlossen.« Onkel Mac seufzte. »Tja, der Mann macht einen ziemlich verwirrten, man kann sagen: kaputten Eindruck. Die ständigen Quälereien scheinen ihn arg mitgenommen zu haben. Andererseits sieht es so aus, als wenn er der einzige ist, der das Verbrecherische an der Geschichte zumindest ansatzweise wahrgenommen hat.«

Betty schüttelte den Kopf. »Aber so, wie er redet ... Ich

meine: Glaubt er nicht doch irgendwie an die Geschichte mit den Sternenmenschen?«

»Doch, das ist ja das Schlimme: Wahrscheinlich ist es diesem … diesem Kaiser trotz allem gelungen, ihn, genau wie die anderen, irgendwie von seinem Lügengebäude besessen zu machen. Mag sein, er glaubt an die sogenannten Sternenmenschen, sieht aber gleichzeitig, daß sie Unheil bringen. – Nun ja, wir werden sehen.«

Es folgte ein kurzes Schweigen. Onkel Mac legte den ersten Gang ein und kurbelte die Scheibe wieder hoch. Der Stau begann sich aufzulösen.

»Und … äh …«, nahm Benny den Faden wieder auf. »Wie habt ihr uns eigentlich gefunden?«

Buck kam dem Inspektor mit seiner Antwort zuvor: »Onkel Mac ist über zwei Worte gestolpert, als ich erzählt hab, was Kugelkopf 1 an Speaker's Corner vom Stapel gelassen hat: *Marylebone* und *Weltenerforschung*. Erinnert ihr euch: ›Zuerst wird ihr Tod ein seelischer sein … oder so ähnlich‹,« begann er den abtrünnigen Hilfsgangster aus dem Gedächtnis zu zitieren. Und als er stockte, sprang Betty in die Bresche: Das war schließlich ihr Metier! So fließend, als hätte sie den Text schwarz auf weiß vor sich, spulte sie die Hyde-Park-Rede des Kugelkopfes ab: »› … wird ihr Tod ein seelischer sein, beginnend in Marylebone, im Hause der Weltenerforschung. Sie werden ihr Ich aufgeben. Ihre Seele verkaufen an die Außerirdischen, denn sie werden nicht wirklich werden wie sie‹.«

Buck applaudierte seiner Schwester: »Irre, Computerlady! Genau das hat er gesagt, und so ungefähr hab ich's auch erzählt. – Na ja, jedenfalls hat Onkel Mac Baxter angerufen, und der hat in Null Komma nichts rausgekriegt, daß es im Stadtteil Marylebone einen *Verein zur geistigen Erforschung des Weltraums* oder so ähnlich gibt.

Marylebone Road Ecke Marylebone High Street *(Code 47)*. Na, und dann sind wir losgedüst.«

»Und wieso hat Onkel Mac dich Blindschleiche mitgeschleppt?« fragte Benny und grinste dabei, als wollte er einen Hot dog quer verspeisen.

Hatte eben Buck für Onkel Mac geantwortet, so übernahm jetzt Granny Bucks Part. »Gute Frage, Benny! Eine ausgesprochen gute Frage; wenn ich auch bezüglich der Tierart gewisse Einwände hätte. Dein Onkel hat deinen Bruder deshalb *mitgenommen*, weil dieser Bruder meinte, ihr wäret möglicherweise in Gefahr, und wenn dem so sei, müßte er euch unbedingt vor Ort beistehen.«

»Beistehen – Bein stellen«, krakeelte Lord Jickledy mit einer Heiserkeit, die als TV-Werbung für Hustendrops hätte durchgehen können.

Granny drehte sich zu Buck um und sagte vorwurfsvoll: »Hörst du das? Er kann fast nicht mehr sprechen! Du wärst besser mit ihm zu Hause geblieben.«

Betty gab Buck einen freundschaftlichen Ellenbogenstups und fragte Granny mit zielsicherer Logik: »Warum bist *du* denn nicht mit ihm zu Hause geblieben?«

Die tapferste aller Großmütter war sprachlos. »Iiich? Aber...«, mehr brachte sie nicht zustande.

Buck stupste Betty und äffte mit ungeahnten Imitationsqualitäten seine verdutzte Oma nach: »Gute Frage, Betty, eine ausgesprochen gute Frage. Deine Granny ist deshalb nicht mit ihrem Vogel zu Hause geblieben, weil sie meinte, ihre armen, hilflosen Enkelchen Betty und Benny könnten möglicherweise in Gefahr sein, und sie müßte ihnen unbedingt vor Ort beistehen.«

»Bein stellen – haha«, echote Lord Jickledy, und obwohl er wieder husten mußte, stimmte auch Granny in das Familiengelächter ein.

Der Fall Krähenfuß

Krähenfuß und weher Zeh

»Wiedersehen, Inspektor!« rief der Pförtner mit einer Fröhlichkeit, die einem ausgewachsenen Nilpferd die eingeschlafenen Füße geweckt hätte.

Aber Onkel Mac war kein Nilpferd. Und eingeschlafene Füße hatte er auch nicht. Nur klitschnasse. Außerdem war es Montagmorgen, genauer gesagt vier Uhr zehn in der Früh. Wen wundert es da, daß der Ober-Gangsterjäger von Scotland Yard nur ein grantig müdes »bye« über die Lippen brachte, als er die Pförtnerloge der Londoner Kripo passierte, um in den finsteren Oktobermorgen hinauszuwanken. Ja: wanken! Denn Onkel Mac war k. o. Groggy. Fix und foxi. Die ganze Nacht hatte er sich auf den matschig-feuchten Äckern und Wiesen eines 100-Seelen-Kaffs an der südlichen Stadtgrenze um die Ohren geschlagen, um endlich den Brandstifter dingfest zu machen, der seit dem Frühjahr in der Gegend sein Unwesen trieb.

Umsonst. Der Feuerteufel zog es vor, sich nicht blicken zu lassen. Wahrscheinlich war ihm das Wetter zu schlecht. Denn von Mitternacht bis kurz nach drei hatte es dermaßen gekübelt, daß selbst die Frösche nach Regenschirmen quakten.

Zum Glück hatte Onkel Mac bei der Rückkehr zum Yard einen Parkplatz auf dem Haltestreifen unmittelbar vor dem Dienstgebäude erwischt. Also brauchte er jetzt nur schlaffe dreißig Meter zu gehen, bis er sich mit einem satten »Verdammt, war das 'ne Nacht!« auf den Fahrersitz fallen ließ. Nix wie nach Hause!

In Gedanken an eine heiße Dusche eine ordentliche Mütze voll Schlaf mit anschließendem Granny-Spezial-Frühstückstee startete der übernächtigte Inspektor seinen Dienstwagen und brauste los Richtung Heimat.

Die Straßen waren leergefegt wie nach einem Hurrikan. Nur ab und zu kam dem Onkel ein Taxi entgegen, das einen Nachtschwärmer in die Heia kutschierte. Onkel Mac drückte auf die Tube. Wenn ein Streifenwagen aufkreuzte, würde er eben das Blaulicht ausfahren. Ausnahmsweise, denn für gewöhnlich nutzte er die Möglichkeiten, die Dienstwagen und Dienstausweis mit sich brachten, nicht für private Zwecke.

So düste Onkel Mac an Piccadilly Circus *(Code 100)* vorbei die Regent Street hoch *(über Code 80)*, bog mit quietschenden Reifen *(bei Code 63)* in die Oxford Street ein, spurtete vor bis zur Bayswater Road, um endlich *(bei Code 93)* den Endspurt zur Craven Road einzulegen – da passierte es: Die Lenkung spielte verrückt!

Als er merkte, wie der Wagen ohne sein Zutun nach rechts zog, wechselte Onkel Mac blitzschnell den Bleifuß vom Gas- zum Bremspedal und erreichte damit, daß die schwere Blechkarosse bedenklich ins Schleudern kam. Onkel Mac brach der Schweiß aus, und intuitiv tat er das richtige: Er schaltete vom dritten in den zweiten Gang zurück, gab Gas, lenkte gegen, brachte den Wagen wieder auf die linke Fahrbahnseite und bremste vorsichtig ab, um ihn unmittelbar vor der Einmündung in die Craven Road unter einer Straßenlaterne zum Stehen zu bringen.

»Zur neunmal geschwänzten Wasserkatze, das hat mir

gerade noch gefehlt!« fluchte der gestrandete Inspektor und kletterte aus seinem Gefährt. Er wußte, was Sache war: Dem Reifen vorn rechts war die Luft ausgegangen.

Onkel Mac besah sich den Schaden und spulte dabei die ganze Palette seiner Spezial-Schimpfwörter ab. Aber das änderte auch nichts. Er mußte das Rad wechseln, denn in spätestens fünf Stunden hieß es wieder: Auf in den Yard, und zwar *mit* Wagen. Oder sollte er sich erst mal aufs Ohr legen? Danach sah die Welt bestimmt rosiger aus. Rosiger? Unsinn! Morgens um neun tobte der ganze Berufsverkehr durch die Straßen, und außerdem würde er sich dann nach dem Radwechsel noch mal waschen müssen... Beim ausgestopften Wüstenfloh, es half alles nichts, und so krempelte sich der gestreßte Onkel die Ärmel hoch und machte sich ans Werk: Kofferraum auf, Reserverad rausgewuchtet, Werkzeug ausgepackt, Wagenheber angesetzt, den Wagen hochgekurbelt, Radkappe abgehoben und – der Kriminalinspektor stockte, kniff die Augen zusammen, murmelte »Hier also auch!« und zog einen *Krähenfuß** aus dem abgeschlafften Reifen.

Onkel Mac ließ das *Corpus delicti* in seiner Jackentasche verschwinden, bewegte sich stöhnend aus der Hocke in die Senkrechte, fischte die Stablampe aus dem Handschuhfach und ging, das Lichtbündel des Halogenstrahlers auf die Straße gerichtet, im Eilschritt die fünfzig Meter zur Bayswater Road zurück.

Kurz vor der Ampel wurde er fündig: Über die ganze Breite der Fahrbahn verstreut reckte ein Schwarm matt

**Krähenfüße* sind kräftige Dreispitznägel, die, wenn man sie auf die Straße wirft, immer mit einer Spitze nach oben zeigen. Fährt ein Auto über einen Krähenfuß, bohrt sich die obenstehende Spitze in den Reifen, und der Reifen hat einen Platten.

glänzender Krähenfüße seine reifenbedrohenden Dornen in die Höhe. »Dreimal gestiefelter Backenzahn, die Kamera!« knurrte der Onkel und wußte im gleichen Moment: Jetzt konnte er den Fotoapparat nicht mehr holen. Jeden Augenblick konnte ein Wagen um die Ecke biegen und in den eiseren Dornenwald geraten. Also verzichtete Onkel Mac auf ein Beweisfoto und machte sich daran, die Krähenfüße aufzusammeln. Aber wohin damit? Einen Plastikbeutel hatte er nicht dabei. Blieben nur die Jackentaschen – auch wenn die eisernen Reifenstecher den Stoff durchbohrten und dem Herrn Inspektor in die Seite piekten.

Fünfundzwanzig Minuten später schleppte sich ein müder, verdreckter und über die Maßen saurer Onkel Mac die Treppe zum ersten Stock des Hauses Craven Road 48 hoch. Duschen wollte er, alles andere war ihm jetzt egal. Die Krähenfüße hatte er im Wagen gelassen.

Punkt sechs tappte er im Bademantel in sein Zimmer – für eine Runde Schlaf würde es noch reichen...

Punkt sieben schallte ein Schrei durch das Haus. Ein Tarzanschrei.

»Ahhh! Auuu!« brüllte Benny und hüpfte einbeinig über den Flur im oberen Stockwerk. »Mein Zeh, ohhh, mein Zeh! Welcher Idiot hat diese blöde Kiste hier abgestellt? Verdammt noch mal, tut das weh!«

»Ist das 'n neuer Tanz?« lästerte Betty schadenfroh und schloß schnell die Badezimmertür hinter sich. Angeschossene Tiger soll man nicht foppen.

»Bei Rasputins Sommersocken, was ist das für ein Radau? Kann man in diesem Irrenhaus nicht wenigstens eine Stunde schlafen? Das ist doch nicht zu fassen, ist das!« Rums! flog im ersten Stock eine Tür zu – die Tür zu Onkel Macs Zimmer.

Benny nahm den Zornesausbruch seines Onkels überhaupt nicht wahr. Er hockte am Boden und besah sich den angeschlagenen Zeh.

»Ist er ab?« fragte nun auch noch schadenfroh Bruder Buck, und prompt sprang der Tiger ihn an – laut brüllend und mit funkelnden Augen: »Mann, halt die Luft an! Sonst gehst du mit Veilchen in die Schule!«

»Nanana, nun mach mal halblang!« Das war Granny, Bucks Retterin in der Not. Bennys Gebrüll hatte sie beim Teekochen aufgescheucht, und nun stampfte sie mit sportlichem Großmutterschritt die Treppe hinauf, um sich ein Bild vom Ausmaß des Schadens zu machen.

»Zeig mal her, Benny! – Ha, und deshalb machst du so ein Geschrei? Na, da wird dein Onkel sich freuen. Wenn mich nicht alles täuscht, ist der nämlich erst gegen fünf oder so nach Hause gekommen.«

»Der hat sich schon gefreut«, feixte Betty und drückte sich an den Dreien vorbei. »Das Bad ist frei, Bennylein, du kannst deinen Zeh kühlen!«

So ein Frühstück...

Selbst Papagei Lord Jickledy gelang es nicht, die frostige Stimmung am Frühstückstisch aufzutauen. Seine lockerflockig dahergekrächzten Späßchen verhallten in den halbleeren Teetassen wie der Hilferuf eines Känguruhs in der Antarktis. Betty, Buck und Granny hatten schon vor einer halben Stunde kapituliert, denn Onkel Macs und Bennys bitterböse Mienen duldeten keinen vergnüglichen Frühstücksplausch.

Aber dann kam doch noch ein Gespräch auf. Sofern

man das »Gespräch« nennen kann: Betty fiel ein, daß sie ihre Mathe-Hausaufgaben noch nicht gemacht hatte. »Ich wollte sie ja machen, aber dann hat Sabina angerufen, und wir haben uns echt verquatscht.«

»Echt verquatscht«, echote Granny und verzog dabei das Gesicht, als hätte sie in eine Zitrone gebissen. »Von deinem Vokabular mal abgesehen – schön finde ich das ja nicht gerade.«

»Halb so wild! Schreib ich ausnahmsweise bei Buck ab. Ist dir doch recht, Buck, oder?« Damit wollte sie aus dem Zimmer rennen.

Aber sie kam nicht mal bis zur Tür, da fuhr ihr ein derart donnerndes »Abgeschrieben wird nicht!« in die Knochen, daß sie stehenblieb. Onkel Mac hatte gebrüllt. Das war an sich nichts Besonderes. Nur: In Schuldingen hielt er sich für gewöhnlich völlig zurück. Das war allein Grannys Sache. Und Sache der Drillinge natürlich. Doch nun mischte er sich auf einmal so heftig ein, daß selbst Lord Jickledy der Schnabel zuklappte.

»Aber ... äh ... ich kann es doch. Ich meine ... wenn ich noch Zeit hätte, könnt ich die Aufgaben auch allein machen. Ich täusch ja nichts vor ... Ich ...«, versuchte Betty stotternd zu erklären.

Doch Onkel Mac ließ sie nicht ausreden. »Abschreiben ist abschreiben!« bellte er. Und als Betty ihn mit großen Augen verständnislos anstarrte, schrie er gar: »Was glotzt du? Ich hab mich doch klar und deutlich ausgedrückt, oder?«

Betty kamen die Tränen. Was hatte sie denn getan, daß ihr Onkel sie dermaßen zur Schnecke machte? Aber sie wurde auch wütend. Sie war doch kein Kindergartenkind mehr! Schließlich wußte sie selbst, was sie verantworten konnte und was nicht. Zumal in der Schule! Und so führte sie ganz automatisch den Zeigefinger an die Stirn und zeigte ihrem ausgeflippten Onkel einen Vogel. »Nee, ehrlich, ich glaub, du spinnst!« rief sie, knallte die Tür zu und rannte rauf in ihr Zimmer.

»Betty! Du kommst sofort zurück! Hörst du? Komm sofort zurück!« schrie Onkel Mac hinter ihr her, und Betty brüllte: »Bin ich blöd?«

Das hatte sich alles so unerwartet und schnell abgespielt, daß Granny erst jetzt dazu kam, auf ihre energische Art einzuschreiten.

»Schluß jetzt, Mac!« fuhr sie ihren Sohn an und schlug dazu so heftig mit der Faust auf den Tisch, daß Lord Jickledy auf die Gardinenstange floh. »Es interessiert dich doch einen feuchten Kehricht, ob Betty ihre Hausaufgaben bei Buck abschreibt oder nicht. Den ganzen Morgen mutest du uns schon dein sauertöpfisches Gesicht zu. Wenn dir im Dienst eine Laus über die Leber gelaufen ist, dann brauchst du uns noch lange nicht mit deiner Laune zu tyrannisieren. Und Betty schon gar nicht. Die war nämlich bis vor zwei Minuten noch die fröhlichste in dieser traurigen Runde!«

»Im Dienst, im Dienst!« brüllte Onkel Mac zurück. »Was weißt du denn schon! Erst bringt mich irgendein Wahnsinniger fast um, während ich in aller Gemütlichkeit mit dem Wagen nach Hause fahre, und wenn ich dann wenigstens eine Stunde schlafen will, macht die verrückte Bande ein Spektakel, als ... als ... ach, ihr könnt mich mal, allesamt!«

Wutentbrannt schob der frustrierte Inspektor seinen Stuhl zurück, um in Original-Betty-Manier aus der Küche zu stürmen, da stoppte ihn Grannys »Halt! Hiergeblieben! Was war das? Jemand wollte dich umbringen?«

Einen Augenblick kämpfte Onkel Mac mit sich. Sollte

er Granny eine vernünftige Antwort geben? Oder... Er entschied sich für die Vernunft und schlich wie ein bockiger Dreikäsehoch zum Küchentisch zurück.

»Komm, setz dich wieder hin!« empfing ihn Granny mit mütterlicher Wärme. »Und nun erzähl: Stimmt das? Oder war das nur so dahingesagt? Hat dich wirklich jemand umbringen wollen?«

Onkel Mac sank mit einem knurrigen »Nein!« auf den Stuhl und trommelte einen nervösen Marschrhythmus auf die Tischplatte. »So direkt wollte *mich* keiner umbringen. Aber er *hätte* mich umbringen *können*.«

Granny seufzte. »Kannst du dich nicht ein bißchen genauer ausdrücken?«

»Genauer, genauer!« Onkel Mac war drauf und dran, erneut zu explodieren. Aber dann sah er doch, daß Granny sich um ihn sorgte, und klärte sie seufzend auf: »Irgendein Verrückter streut seit zwei Wochen Krähenfüße auf die Citystraßen. Und heute nacht hat er sich unsere Gegend dafür ausgesucht.«

»Krähenfüße?« fragte Buck und konnte nicht verhehlen, daß er an Onkel Macs Verstand zweifelte.

»Ja, Krähenfüße. Aber vielleicht steigt er demnächst auf Pferdefüße um.« Mit einem Mal mußte Onkel Mac grinsen. Er stellte sich vor, wie er sich die Taschen voller Pferdehufe die Treppe hochgeschleppt hätte. Und als er den Blick sah, den Buck Granny zuwarf, konnte er sich nicht mehr halten. Er brüllte los, daß es ihn schüttelte: »Hahaaa, hahahaha – Pferdefüße! Der Pferdefuß-Attentäter von London City hat heute nacht wieder zugeschlagen. Nein nein, zuge*treten*! *Aus*geschlagen! Hahaaa! Hahaha! O nein, ich lach mich, ich lach mich, ich lach mich kaputt!«

Granny schrieb diesen Ausbruch überzogener Heiterkeit Onkel Macs Übermüdung zu und lachte eher pflichtbewußt als aus Überzeugung mit.

Drei Minuten brauchte Onkel Mac, bis er sich beruhigt hatte. Und als er sich eben die Lachtränen aus den Augen wischte, ging die Tür auf, und Betty kam herein – noch wütend, aber doch mit einem fragenden Blick.

»Komm her, Betty! Tut mir leid die Brüllerei. Ich hab dich ja gar nicht gemeint«, empfing der liebste aller Onkel die verwirrteste aller Nichten und breitete die Arme aus: »Kannst du mir noch mal verzeihen?«

Betty sah Granny an, sah Buck und Benny an und – prustete los: »Nee ehrlich, Onkel Mac, du bist der reinste Komiker!«

»Ko-Mac-er – Ko-Mac-er«, kreischte Lord Jickledy und segelte dabei von der Gardinenstange auf den Küchentisch.

Als das darauf folgende Gelächter endlich abebbte, informierte Benny seine Schwester nicht ohne Begeisterung: »Heute morgen hätte fast jemand Onkel Mac umgebracht.«

Damit war das Thema *Krähenfüße* wieder auf dem Tisch, und, wie sollte es anders sein, die Drillinge gaben sich redlich Mühe, ihren Onkel auszuhorchen: Seit wann genau wurden die Dreizacknägel in der Stadt verstreut? Und wo überall? Und was war infolgedessen bisher passiert?

Je mehr sie Onkel Mac fragten, desto einsilbiger wurde er, und seine eben so munter aufgeflackerte gute Laune erlosch zusehends. Schließlich war er nicht im Dienst. Und außerdem bearbeitete Baxter den Fall.

»Müßt ihr nicht zur Schule?« knurrte er. »Ich muß jetzt jedenfalls los.«

»Ach du Schreck, die Schule!« riefen die Drillinge wie

aus einem Munde und sprangen auf. »Bye, Granny! Bye, Onkel Mac!«

Kampf den Rasern!

Auf dem Weg zur Bushaltestelle stellten Betty, Benny und Buck noch die abenteuerlichsten Spekulationen über den geheimnisvollen Krähenfuß-Werfer an. Aber als sie in dem roten Doppeldecker saßen, der sie der Schule entgegenschaukelte, traten nach und nach andere Themen in den Vordergrund: Würde Miss Piggy den Bio-Test heute schon schreiben lassen? Schwänzte Albert, weil ihn gestern der neue Franz-Pauker, zum Gespött der ganzen Klasse, eine halbe Stunde in die Ecke gestellt hatte?

»Nee, das hat er längst weggesteckt«, vermutete Benny. »Der Typ hat 'n Fell wie 'n Panzernashorn.«

Buck hielt dagegen: »Täusch dich nicht 'ne große Klappe hat er, aber das ist auch alles.«

Da unterbrach Betty die beiden: »Seid doch mal still! Der Fahrer!«

Der Fahrer? Was sollte das nun wieder? Überrascht schauten die Brüder nach vorn. Der Busfahrer unterhielt sich angeregt mit einem Fahrgast, der verbotenerweise auf den Treppenstufen des vorderen Eingangs stehengeblieben war.

»Haben die sich in der Wolle, oder was?« fragte Benny, aber zur Antwort erhielt er nur ein »Scht!«.

»Ja!« ereiferte sich der Fahrgast. »Unglaublich ist das! Nein wirklich, da hört der Spaß auf. *Solche* Streiche haben wir nicht gemacht. Nie und nimmer. Dummejungenstreiche ist da nicht das richtige Wort. So dumm kann kein Bengel sein, daß er nicht weiß, was dabei passieren kann. Und jetzt ist es geschehen. Beide Arme hat der Mann sich gebrochen. Und eine Gehirnerschütterung, wenn's dabei bleibt.«

Der Fahrer nickte und spielte Karussell mit der Servolenkung. »Verbrecher sind das! Aber wenn sie geschnappt werden, was gibt es dann? Jugendstrafe! Zwei Jahre ins Heim – ha! Zuchthaus haben die verdient! Fünf Jahre Zuchthaus, dann kommen sie auf andere Gedanken.«

Die Frau in der ersten Bankreihe war schon die ganze Zeit auf ihrem Sitz hin- und hergerutscht. Nun hielt sie es nicht mehr aus. »Aber das ist doch Unfug!« mischte sie sich in das Geschimpfe der beiden Männer ein. »Erstens wissen Sie gar nicht, ob es Jugendliche sind, die diese Krähenfüße streuen. Zweitens ist der verunglückte Autofahrer nicht wegen des geplatzten Reifens gegen die Hauswand geprallt, sondern weil er zu schnell gefahren ist; das steht doch heute morgen in jeder Zeitung! Und drittens sollten Sie wissen, daß die jungen Leute im Gefängnis nicht auf gute, sondern ausschließlich auf schlechte Gedanken kommen. Da lernen sie nämlich erst, wie man Autos knackt oder einer alten Frau die Handtasche raubt.«

Die Drillinge sahen sich an: Na, das ist ja echt stark – voll unser Thema!

»Sozialistengeschwätz!« knurrte der Fahrer und hupte ein Mädchen von der Fahrbahn, das mit dem Skateboard auf dem Weg zur Schule war.

»Sie gehören wohl auch zu diesen Rasern, die unsere Kinder auf den Straßen umbringen!« ereiferte sich die Frau.

Der Busfahrer lief rot an. »Nun machen Sie mal 'nen

Punkt, Miss! Alles laß ich mir gefallen, aber Mörder, das hat noch keiner zu mir gesagt.«

»Ich auch nicht. Aber es ist nun mal eine Tatsache, daß allein in London jedes Jahr Hunderte von Kindern im Straßenverkehr zu Tode kommen, weil die Autofahrer unverantwortlich schnell fahren.«

Betty stieß Buck in die Seite und flüsterte aufgeregt: »Du, die kenn ich!«

»Was ist?« wollte Benny wissen.

Unwillkürlich flüsterte nun auch Buck: »Betty kennt die Frau.«

»Und?« Wer ist sie?«

»'ne Freundin von Miss Piggy, glaub ich. Ich hab die beiden mal zusammen gesehen. Nach der Musik-AG. Da hat sie vor der Schule auf Miss Piggy gewartet. Ist auch Lehrerin, glaub ich.«

Benny zuckte die Achseln: »Und?«

»Nix und!« Betty war sauer. Da sagte sie mal was, ohne vorher groß zu kombinieren, und gleich ließ Benny sie auflaufen.

»Nein, nein, das kann man nicht länger hinnehmen.« Das war wieder die Frau. »Dagegen *muß* man was unternehmen. Stellen Sie sich vor, *Ihr* Kind wird von so einem Verkehrsrowdy angefahren. Sagen Sie da auch noch ›Sozialistengeschwätz‹?«

»Na, also jetzt machen Sie aber wirklich mal 'nen Punkt. In dem Zusammenhang hab ich das ja nun nicht gesagt.«

Die Frau stand auf.

Jetzt scheuert sie dem Fahrer eine, dachte Benny, obwohl er wußte, wie unsinnig der Gedanke war.

»Die nächste muß ich raus«, sagte die Frau. »Aber eins will ich noch klarstellen: So weit entfernt ist der Ruf nach dem Zuchthaus gar nicht vom Verharmlosen des Verkehrs-Rowdytums. Und äh…«, sie fischte ein graues DIN-A4-Blatt aus einer großen, wie mit Backsteinen gefüllten ledernen Umhängetasche und legte es dem Fahrer aufs Armaturenbrett, »…falls Sie sich mal ein Bild darüber machen möchten, was man so alles gegen Verkehrsrowdys unternehmen kann – und sollte –, dann kommen Sie doch mal zu unserem konspirativen Treff. Jeden Sonntag um 9.30 Uhr in der Grove End Road 124 *(zwischen Code 19 und 32)*.«

»Was für'n Treff?« fragte Benny seine allwissende Schwester, nachdem die Frau ausgestiegen war. »Hast du das Wort gespeichert?«

»Ausnahmsweise nicht. Aber ich werd zu Hause mal nachschlagen, wenn dich das so interessiert.«

»Oh, Mann, bist du immer noch stinkig, oder was?« brummte Benny, und Betty äffte ihn nach: »Oder was?«

Damit waren die Themen *Krähenfüße* und *Raser* an diesem Morgen erst mal wieder abgehakt. Denn Betty und Benny verspürten nicht die geringste Lust, sich zu unterhalten, und Buck kämpfte sich mit Hilfe des Biobuchs durch das Verdauungssystem des Regenwurms.

Erst am Nachmittag, als sie ihre Schulaufgaben gemacht hatten und nicht so recht wußten, was sie mit diesem verregneten Oktobertag anfangen sollten, ging Betty, ohne ein Wort zu sagen, an das Bücherbord im Wohnzimmer, nahm den Lexikonband 12 heraus und fand, was sie suchte: *konspirativ, 1. eine Verschwörung bezweckend, anstrebend, 2. zu einer Verschwörung gehörend.*

»Was guckst du denn da?« fragte Benny ein wenig spöttisch, nachdem er sich auf Panthersohlen angeschlichen hatte.

»Nichts, was dich interessieren könnte«, kam es spitz zurück.

»Bitte, bitte, liebste Schwester«, schnurrte Benny und machte dazu Männchen, »sag doch deinem dummen kleinen Brüderchen, womit du deinen Computer fütterst!«

Nun mußte Betty doch lachen. »Mit einem klitzekleinen Wörtchen, liebes Brüderchen.«

Buck, der gerade in die Küche ging, um sich ein Glas Saft einzuschenken, rief den beiden ein herzliches »Rad ab, wie?« zu. Doch das störte Benny nicht weiter.

»Und wie heißt dieses Wörtchen?« fragte er seine Schwester.

»Dreimal darfst du raten.«

»Vielleicht *konsultativ*?«

Betty lachte laut auf. »Nicht schlecht, Muskelhirni, hätt ich dir gar nicht zugetraut. Aber das Wort heißt *konspirativ*.«

»Sag ich doch. Und? Was bedeutet es?«

»Es bedeutet: eine Verschwörung bezweckend oder anstrebend, oder zu einer Verschwörung gehörend.«

Benny pfiff leise durch die Zähne. »Sieh da. Das ist ja nett.«

Jetzt war es an Betty zu spotten: »Du nimmst das ernst, Brüderchen?«

»Was die Frau im Bus gesagt hat? Von wegen konsumtativ? Klar nehm ich das ernst! Ich hab 'nen Riecher für so was, das weißt du doch. Äh... wo war das noch mal? Die Adresse mein ich.«

»Grove End Road 124«, spuckte Bettys Computer ohne Zögern aus – und Betty ärgerte sich darüber: Hatte Benny sie etwa reingelegt?

Bennys Mimik sprach für sich, als er seiner Schwester

verkündete: »Der Nachmittag ist gerettet, wir machen einen Ausflug in die Grove End Road.«

»Du spinnst ja!« war das einzige, was Betty dazu einfiel.

»Vielleicht«, grinste Benny. »Vielleicht aber auch nicht. Oder hast du was Besseres vor?«

Das hatte Betty wiederum nicht. Und weil auch sie die Themen *Krähenfüße* und *Verkehrsrowdys* interessierten, schlug sie zum Schein noch ein paar argumentative Haken, um sich schließlich ihrem Bruder anzuschließen.

Und Buck? Den fragten sie gar nicht erst. »Wir wollen uns mal den Geheimtreff von dieser Bus-Tussi aus der Nähe ansehen. Du kommst doch mit, oder?« war das einzige, was Benny seinem Bruder mitteilte. Er wußte nämlich: Wenn es um eine Lauschaktion ging, war Buck zwar nie begeistert. Aber da es sich in diesem Fall nicht um einen *Fall* handelte, konnte er, ohne sich in Gefahr zu begeben, ein paar Lauschaktions-Pünktchen sammeln, die beim nächsten Mal, wenn er sich wieder verdrücken wollte, sozusagen als Bonus anzurechnen waren: Was heißt hier, ich mach 'ne Mücke, du weißt doch genau, daß ich bei der Konspiradingsbums-Lauschaktion voll dabei war!

In der Höhle der Löwin

Schon eine Viertelstunde später standen die Buff-Geschwister an der Haltestelle Paddington *(Code 74)*, und nach weiteren zwanzig Minuten stiegen sie Hall Road Ecke Grove End Road *(Code 8)* aus dem Bus.

Nur einen Steinwurf entfernt entdeckten sie die Hausnummer 124 – ein modernes Appartmenthaus in Sichtweite des Lord's Cricket Ground.

»Und wie stellt ihr euch das jetzt weiter vor?« fragte Buck.

Benny legte seinem Bruder die Hand auf die Schulter und strahlte ihn an: »Das werden wir gleich sehen; kommt, da ist Grün!«

Nachdem die drei über den Zebrastreifen gespurtet waren, marschierten sie, Benny voran, zielgerichtet auf die Nummer 124 zu. Betty wußte, daß Benny recht hatte: Einen Plan über das weitere Vorgehen aufzustellen, wäre verfrüht. Zuerst mußten sie sich ein Bild von den Gegebenheiten machen: Wie sah das Treppenhaus aus? Gab es einen Innenhof? Eine Feuerleiter? Und was wies möglicherweise auf den sonntäglichen Treff hin, von dem die Frau gesprochen hatte?

»Da!« sagte Benny, als sie vor der Klingelleiste des Hauses Grove End Road 124 standen, und zeigte auf das einzige Namensschild, aus dem zweifelsfrei hervorging, daß der Mieter eine Frau war: *Angela Wings.* »Das ist sie.«

»Und wieso?« wollte Betty wissen.

Benny sah seine Schwester an, als fragte sie beim mitternächtlichen Glockenschlag nach der Uhrzeit. »Was wieso?«

»Wieso meinst du, daß das Miss Piggys Freundin ist?«

»Na, das ist doch hier die einzige Frau, oder?«

»Und hier: *Engfield, Patterson, Miller, Brights* oder *Carwinkel* – warum soll da keine Frau wohnen?«

Benny war sauer: Betty hatte natürlich recht. Aber weil er sich darüber ärgerte, daß sie ihm so genüßlich seine mangelhafte Logik vorführte, trat er die Flucht nach vorn an: »Wetten, daß sie 's ist? Wie verheiratet sah sie nämlich nicht aus.«

»Benny der Frauenkenner!« spöttelte Buck. Die Hoffnung, daß Bettys Kritik an Bennys Kombinationsgabe den Elan seines Bruders dämpfen würde, hatte ihn beschwingt.

Aber Buck täuschte sich. »Ein Wochentaschengeld«, konkretisierte Benny seine Wette, und Betty schlug ein.

Angela Wings wohnte im 5. Stock. Sie nahmen den Fahrstuhl.

»Und, wißt ihr jetzt, wie's weitergehen soll?« fragte Buck.

Benny rollte die Augen. »Ist doch klar: Ich klingele, und wir fragen, ob wir zum nächsten Konspidingsbumstreff kommen können.«

»Du spinnst ja!«

Ping! die Fahrstuhltür schob sich in die Wand, und die Geschwister traten ins Treppenhaus.

Buck gab keine Ruhe: »Jetzt sag doch, was hast du vor?«

Wieder verdrehte Benny die Augen, aber diesmal war es keine Show. Jedes Wort betonend, als spräche er zu einem Schwerhörigen, klärte er Buck auf: »Ich weiß es nicht, Brüderchen.«

Ping! Die Fahrstuhltür schloß sich, und die Digitalanzeige sprang von 5 auf 4 auf 3 auf 2 auf 1 auf E.

»Erdgeschoß, da kommt jemand rauf«, flüsterte Buck, und Benny ulkte: »Bestimmt jemand, der 'n paar Tage zu früh zum Geheimtreff kommt.«

»Sag mal, Benny«, meldete sich endlich Betty wieder zu Wort, und auch sie sprach leiser als nötig. »Meinst du, es ist geschickt, daß wir hier die ganze Zeit vor der Tür stehen?«

»Wieso nicht? Schließlich will ich meine Wette gewinnen – und du deine!«

Ping! die Fahrstuhltür ging auf und – aus dem Fahrstuhl trat die Frau aus dem Bus.

Benny stieß Betty freudig in die Seite. Er hatte nur noch seine Wette im Kopf. Daß dieser direkte Kontakt mit der Person, der ihre Lauschaktion gelten sollte, eventuell nicht gerade wünschenswert war, daran schien er nicht im geringsten zu denken.

»Tag!« sagten Betty und Buck wie aus einem Munde und bemühten sich, die Frau so unbefangen wie möglich anzuschauen.

»Tag!« kam es fröhlich zurück.

Warum geht sie denn nicht in ihre Wohnung? Warum glotzt sie uns so an? fragte sich Betty und spürte, wie ihre Handflächen feucht wurden.

Die Frau lächelte. »Sagt mal, seid ihr nicht die Drillinge, die bei meiner Freundin in die Klasse gehen?«

Die drei glotzten die Frau an, als hätte sie sich als Geheimdienstchefin von Madagaskar vorgestellt.

»Ist Miss Tindale eure Klassenlehrerin?« präzisierte die Frau ihre Frage und schien dabei den unübersehbaren Überraschungseffekt zu genießen, den sie den Geschwistern beschert hatte.

»Äh ... jaja, das ist sie«, stotterte Buck.

Mensch, Buck, reiß dich zusammen! beschwor Betty ihren Bruder in Gedanken. Wir brauchen dich! Laß dir was einfallen!

»So«, freute sich Miss Piggys Freundin. »Dann hat euch die Gute also zu mir geschickt. Na, dann kommt mal rein!« Und dann ging sie, immer noch lächelnd, an den dreien vorbei die fünf Schritte zu ihrer Wohnungstür hinüber, schloß auf, knipste das Flurlicht an und machte mit einer einladenden Handbewegung deutlich: Na los: hereinspaziert!

Wings

Als erster setzte sich Benny in Bewegung. Dann Betty und schließlich Buck.

»Seid ihr immer so scheu?« fragte die Frau. »Ich heiße Wings, aber das wißt ihr ja schon. Euren Namen hab ich leider vergessen.«

»Wir heißen ... Buff! Buff! Buff!«, ließen die Drillinge ganz automatisch ihr Vorstellungsfeuerwerk los.

Miss Wings lachte schallend auf. »Na, das ist ja theaterreif. So, nun mal rein in die gute Stube. Gleich kommt noch ein Bekannter, der auch in unserer Gruppe mitmacht. Hier entlang am besten, wir setzen uns ins Wohnzimmer. Wollt ihr was trinken? 'ne Cola vielleicht oder ein Glas Saft?«

»Nein danke!« wollte Betty sagen. »Ich hab keinen Durst.« Aber Benny kam ihr zuvor. »Wenn Sie 'nen Orangensaft hätten, das wär super!«

»Könnte klappen«, strahlte Miss Wings. »Und ihr? Trinkt ihr auch Orangensaft?«

»Jaja ... äh ... klar ... ich mein, danke«, stotterte Buck, und Betty schloß sich mit einem knappen aber nicht unfreundlichen »Ja, gern« an.

Während die drei in das im skandinavischen Kiefernmöbel-Stil eingerichtete Wohnzimmer traten und nicht recht wußten, wie sie sich fühlen sollten, rief Miss Wings aus der Küche: »Das finde ich ja wirklich toll, daß ihr hergekommen seid. Gestern abend hab ich mit Carol, mit Miss Tindale telefoniert und sie gefragt, ob sie nicht jemand kennt, der Lust hätte, in unserer Gruppe mitzumachen, und jetzt steht ihr hier. Toll, wirklich toll!«

Sie kam mit vier Gläsern Orangensaft zurück. »Ich trink auch eins mit. Ja, nun setzt euch doch! So, und nun erzählt mal: Was erwartet ihr von unserer Gruppe?«

Rums – die Frage traf ins Schwarze. Benny überlegte

erst gar nicht, was er darauf antworten könnte, sondern schielte nur zu seinem Bruder hin: Los, Bucky, erzähl ihr was! Nun mach schon, laß dir was einfallen!

Aber Buck machte nichts. Er wußte einfach nicht, was er sagen sollte. So sehr er seinen Denkapparat auch ankurbelte, nicht eine brauchbare Idee wollte vor seinem inneren Auge auftauchen, ja, nicht mal eine Verzögerungstechnik fiel ihm ein. Das war noch nie passiert: Der Super-Ausredenerfinder Buck mußte passen!

Zum Glück lief nicht nur Bucks Gehirn auf Hochtouren. Auch Betty hatte ihren Computer auf »Antwort« geschaltet. Und der funktionierte! In einem inneren Zeitraffer ließ Betty noch einmal das Geschehen im Bus ablaufen. Worum war es gegangen, bevor die Frau den Zettel aufs Armaturenbrett legte? Um verantwortungsloses Schnellfahren. Um Raser.

»Wir erwarten von der Gruppe, daß man in ihr was gegen die Raser unternehmen kann«, formulierte Betty das logische Resultat ihrer Überlegungen; schulmäßig, sinnvoll, höflich in einem vollständigen Satz.

Benny hielt die Luft an, und Buck versuchte vergeblich, die Schamröte niederzukämpfen, die ihm das Gefühl, versagt zu haben, ins Gesicht trieb.

Miss Wings nickte. »Prima. Da seid ihr hier richtig!«

Dingdong! läutete es an der Appartmenttür.

Mit einem freundlichen »Das ist Bob Clerkwell, unser Kassenwart! Moment, ja?« sprang Miss Piggys Freundin auf und eilte aus dem Zimmer.

Benny klatschte Betty die Rechte auf die Schulter und flüsterte: »Spitze, Computerlady! Voll Spitze!«

Buck sagte nichts.

Mit einem Riesenkerl im Schlepptau, der Betty lebhaft an einen Teddybär erinnerte, kam Miss Wings wieder ins

Zimmer gesegelt. »Schau, Bob, wir haben Besuch: drei neue Mitglieder! Meine Freundin hat sie vorbeigeschickt. Das sind Schüler von ihr.« Und dann zwinkerte sie den Drillingen zu und sagte: »Stellt euch doch noch mal vor. So wie vorhin, mein ich.«

»Buff! Buff! Buff!« kam es postwendend zurück, und der Teddy brach in ein Gelächter aus, das den Geschwistern wie ein E-Baß mit Loudness-Funktion in die Bäuche fuhr.

Flugblätter für die Drillinge

Wo sind wir hier bloß gelandet? fragte sich Betty. Der Teddy ist echt nett. Und wieso Geheimtreff, wenn diese Angela Wings glaubt, Miss Piggy höchstpersönlich hätte uns hergeschickt?

Buck und Benny ging es nicht anders. Sie hatten sich, jeder auf seine Art, auf eine Lauschaktion eingestellt, und nun hockten sie, aufs freundlichste bewirtet, als Gäste im Wohnzimmer ihres »Opfers«.

Bob Clerkwell ließ sich mit einem höflichen »Du gestattest?« neben Betty auf die Couch plumpsen, angelte sich einen Schokokeks aus dem Tonschüsselchen für knabberfreudige Besucher und sagte fröhlich kauend zur Gastgeberin: »Ich will dich ja nicht hetzen, Angela, aber viel Zeit hab ich nicht.« Und an die Drillinge gewandt erklärte er grinsend: »Ich bin nämlich im Dienst.«

Betty, Benny und Buck grinsten zurück. Warum, wußten sie nicht, aber irgendwie mochten sie den Mann. Seine bloße Anwesenheit schien den Raum zu erwärmen. Hatten die Geschwister bisher noch auf halber Backe dagehockt, jederzeit bereit aufzuspringen und »Adieu« zu sagen, so lehnten sie sich jetzt vorsichtig in den Polstern zurück. Ja, dieser Bob Clerkwell hatte etwas von einem Teddybär: etwas Kuscheliges, Liebenswertes, Beschützendes.

»Okay, zur Sache«, sagte Miss Wings. »Ich hab das Flugblatt kopiert. Vorerst viertausendmal. Mehr konnte ich nicht tragen.«

»Und, war's billiger als in Georgy's Copyshop?«

»Nee, auch nicht.«

Der Teddy griff sich einen weiteren Keks und freute sich mit vollem Mund: »Siehst du, ich kenn doch die Preise.« Dann legte er den Kopf schief und überlegte: »Hm, viertausend... Also tausend brauch ich mindestens. Allein heute abend.«

»Kannst du haben. Conny und Belinda kommen auch noch vorbei. Wenn die auch je tausend wollen...«

»Und ihr?« fragte der Teddy die Drillinge. »Verteilt ihr auch welche?«

Buck sah Betty an, Betty sah Benny an, und Benny sah den Teddy an und verkündete ohne Zögern: »Klaro, machen wir!«

Am liebsten hätte Betty den vorlauten Tarzan vors Schienbein getreten, daß er die Engel singen hörte. Aber sie saßen nicht zu Hause am Eßtisch, wo Tischplatte und Tischdecke geheime Hakeleien ermöglichten.

So blieb Betty nichts anderes übrig, als gute Miene zum bösen Spiel zu machen und gemeinsam mit ihren Brüdern und dem freundlichen Teddy Miss Wings ins Arbeitszimmer zu folgen.

Die Flugblätter waren zu 500 Stück zusammengelegt. Miss Wings holte zwei Plastiktüten aus der Küche und packte je zwei Stapel für Bob Clerkwell und die Kinder ein.

»Dank dir!« sagte der Teddy, und die Drillinge fragte er: »Kommt ihr Sonntag zum Treff?«

Wieder kam Benny seinen Geschwistern zuvor: »Sonntag? Ehrensache!«

Bob Clerkwell holte sich noch einen Keks aus dem Wohnzimmer und machte sich mit seinen Flugblättern auf die Socken. Die Drillinge standen derweil unentschlossen im Flur: Sollten sie jetzt auch gehen oder nicht?

Miss Wings nahm ihnen die Entscheidung ab. »Kommt«, bat sie die Kinder wieder ins Wohnzimmer. »Ihr wollt ja sicher noch was über unsere Bürgerinitiative wissen, oder?«

Betty und Buck nickten, und Benny trompetete: »Logo, darum sind wir ja hier!«

Der Frau schien Tarzans freche Art zu gefallen, jedenfalls lächelte sie ihn an wie ein neugeborenes Kaninchen und fragte: »Und, was hat euch die gute Miss Tindale schon erzählt?«

Kaninchen-Benny lief rot an, und ehe er sich's versah, klappte seine große Klappe zu.

Am liebsten hätte Betty ihn zappeln lassen. Aber es ging um die Sache. Die geschwisterliche Privatfehde konnten sie auch nachher noch ausfechten. Also suchte sie fieberhaft nach einer brauchbaren Antwort.

Doch Betty war nicht schnell genug. Ausredenprofi Buck kam ihr zuvor. In Gedanken saß er noch einmal im Bus, sah die Frau das Flugblatt aufs Armaturenbrett legen und hörte, was sie sagte. Das war's! »Miss Pig... äh... Tindale hat gesagt, daß wir hier was gegen diese blöden Raser tun können, die dauernd irgendwelche Kinder anfahren.«

»So, gegen die *blöden Raser* – hat sie das wörtlich so

gesagt?« Die Formulierung schien Angela Wings zu gefallen.

»Jaja, glaub schon«, meinte Buck und schaute Miss Wings dabei trocken und treuherzig an wie eine alte Semmel.

»Aber mehr wißt ihr nicht: über unsere Arbeit, mein ich.«

»Nee, mehr nicht.«

»Tja, was soll ich euch da sagen. Eigentlich steht ja alles auf dem Flugblatt. Vielleicht lest ihr euch den Text mal durch. Das müßtet ihr ja sowieso noch machen, schließlich könnt ihr nicht etwas verteilen, was ihr nicht kennt und wozu ihr vielleicht gar nicht steht.«

Die drei nickten brav, holten sich jeder einen Zettel aus dem Plastikbeutel und studierten ihn:

Liebe Mitbürgerinnen, liebe Mitbürger, liebe Eltern, liebe Autofahrer!

Wir laden Sie herzlich zu unserem ständigen Treff
»BÜRGER GEGEN DEN VERKEHRSTOD«
ein.
Wir, das ist eine Gemeinschaft von Londonern, die nicht länger hinnehmen wollen, daß unsere Stadt zu einem Tummelplatz verantwortungsloser Raser wird, die selbst Wohnstraßen für Autorennbahnen zu halten scheinen.
Monat für Monat verunglücken in London mehr als hundert Menschen tödlich im Straßenverkehr. In der Hauptsache Kinder

und alte Menschen. Die Stadtverwaltung tut nichts dagegen.
Deshalb fordern wir **drastische Geschwindigkeitsbegrenzungen in Wohngebieten** und, wo es irgend möglich ist, **Spielstraßen**, in denen die Kinder und Fußgänger Vorfahrt vor dem Auto haben.

Wenn Sie sich für unsere Aktivitäten interessieren, wenn Sie in unserer Gruppe mitarbeiten oder uns auf andere Weise unterstützen wollen, sind Sie herzlich willkommen.
ES KOMMT AUF JEDEN EINZELNEN AN!

Kontaktadresse:
»BÜRGER GEGEN DEN VERKEHRSTOD«, c/o Angela Wings, Grove End Eoad 124, London, Tel. 71 24 559.

WIR TREFFEN UNS JEDEN SONNTAG VORMITTAGS 9.30 Uhr. in der Grove End Road.
Können wir mit Ihnen rechnen?

Während Benny sich noch durch den Text kämpfte, sahen sich Betty und Buck an. *Das* Flugblatt konnten sie unterschreiben, war doch voriges Jahr ein Mädchen aus der Parallelklasse von einem Wagen angefahren und so schwer verletzt worden, daß sie jetzt gelähmt im Rollstuhl sitzen mußte. Und vor ein paar Jahren, als sie noch draußen Ball und Verstecken spielten, wie hatten sie sich da einen Platz gewünscht, auf dem sie nach Herzenslust hätten herumtollen können!

»Na, einverstanden?« fragte Angela Wings die drei.

»Ja!« kam es wie aus der Pistole geschossen im Chor zurück.

»Ganz und gar?«

»Ja«, sagten Benny und Buck.

Miss Wings sah Betty an. »Du auch?«

»Hm ...« So ganz traute Betty sich nicht zu sagen, was ihr beim nochmaligen Lesen des Flugblatts aufgefallen war.

Doch Miss Wings ermutigte sie: »Nur raus damit, wenn du einen Verbesserungsvorschlag hast! Der Text ist nicht endgültig. Und bevor ich die nächsten zehntausend Kopien mache, kann ich ihn noch ändern – vorausgesetzt, deine Kritik leuchtet mir ein und wird am Sonntag von den anderen abgesegnet.«

»Ja... also...«, begann Betty, »ich frag mich: Wieso sprechen Sie die Kinder nicht an? Um die geht's doch. Genau wie um die alten Leute.«

»In der Anrede meinst du?«

»Ja.«

»Hm. Gedacht hab ich daran auch schon. Weißt du, bisher haben noch keine Kinder in der Gruppe mitgemacht. Aber das kann sich ja ändern. Ihr seid schließlich das beste Beispiel dafür. Ja. Du hast recht.«

Jetzt nahm sie sich auch ein Flugblatt, holte sich einen Kugelschreiber aus dem Arbeitszimmer und korrigierte die Anrede: *»Liebe Mitbürgerinnen, liebe Mitbürger, liebe Kinder, liebe Eltern, liebe Autofahrer!* – so muß es heißen, okay?«

»Okay!« nickte Betty und wußte vor Stolz nicht, wo sie hinsehen sollte: Zehntausend Exemplare von der neuen Fassung des Flugblattes würden verteilt werden – mit *ihrer* Anrede.

Ein gefährlicher Zusammenhang

Benny hätte am liebsten gleich in der Grove End Road mit dem Verteilen der Flugblätter angefangen, nachdem sich die Drillinge von Angela Wings verabschiedet hatten. Aber die Absprache war klar: Ihr Bezirk war das Viertel nördlich des Hyde Parks *(innerhalb der Codenummern 73, 58, 77, 93)*, also rund um die Craven Road.

Es wurde schon dunkel, als die drei nach Hause kamen. Aus der Küche flog ihnen der Geruch von gebratenen Nudeln entgegen; Granny verwertete die Reste vom Mittagessen. Zudem hatte sich Onkel Macs langjährige Verlobte, die Reporterin Judy Ribb, zum Abendessen angesagt, und Granny wußte: Judy hat bestimmt wieder den ganzen Tag keine Zeit gehabt, etwas Anständiges zu sich zu nehmen; gebratene Makkaroni mit Eiern und Speck waren da gerade das richtige.

Aber nicht nur für Judy! Benny stürmte schnurstracks in die Küche, donnerte die Tüte mit den Flugblättern auf den Tisch und beugte sich mit geweiteten Nüstern über den Herd: »Mmmmm, das duftet!«

»Trotzdem brauchst du deine Comics nicht auf dem Küchentisch abzuladen. Hol lieber die Teller aus dem Schrank. Sechs Stück. Euer Onkel hat heute abend dienstfrei. Und Judy kommt auch noch.«

Benny hatte bezeichnenderweise nur den ersten Teil von Grannys Botschaft mitbekommen. »Comics! Du glaubst wohl, ich kann nur Sprechblasen lesen, was?«

protestierte er und hielt seiner Großmutter ein Flugblatt unter die Nase.

»Ich hab jetzt keine Zeit zum Lesen«, kam es genervt zurück. Schließlich hatte Granny nicht vor, *Nudeln schwarz* zu servieren.

»Also, dann höre!« brüllte Benny und las den Text mit gewichtigem Tonfall vor.

»Beim ausgestopften Wüstenfloh«, donnerte eine Stimme durch die Küche, nachdem Benny lesenderweise die Schlußfrage gestellt hatte: *Können wir mit Ihnen rechnen?* »Beim ausgestopften Wüstenfloh, mit mir nicht!«

»Aber mit mir«, hielt eine andere, höhere, doch nicht weniger entschieden klingende Stimme dagegen.

Onkel Mac und Judy waren, von den Drillingen und Granny unbemerkt, die Treppe hochgestiegen und hatten vor der offenen Küchentür Bennys Vorlesung gelauscht.

»'n Abend allerseits!« sagte Judy und streckte gleichzeitig die Hand nach dem Flugblatt aus. »Ist ja interessant. Und *dringend notwendig*! In Sachen Verkehrsberuhigung sind wir nämlich noch ein Entwicklungsland. Andere europäische Staaten – Schweden zum Beispiel oder Holland und neuestens auch Westdeutschland – sind uns da meilenweit voraus. »BÜRGER GEGEN DEN VERKEHRSTOD« – sehr gut. Ich glaube, das wär was für die BBC. Vielleicht sogar fürs Fernsehen.«

»Und wenn irgend jemand 'ne Inititative gegen das Flüstern im Zahnarztwartezimmer gründet, dann ist das auch was für einen deiner kritischen Beiträge im regionalen Vorabendprogramm, hm?« lästerte Onkel Mac und goß sich eine Tasse kalten Tee ein.

»So, raus aus der Küche, sonst walk ich euch mit dem Nudelholz durch. Und nehmt jeder einen Teller mit, anstatt euch zu streiten!« schimpfte Granny und schob Onkel Mac kurzerhand zur Tür hinaus.

Judy war echt sauer. »Nee, Mac Macintosh, was du manchmal für ein hirnloses Geschwätz vom Stapel lassen kannst! Du müßtest die Statistiken doch kennen! Du müßtest doch am besten wissen, wie viele Kinder und Jugendliche jedes Jahr zu Krüppeln oder gar totgefahren werden, weil irgendwelche Idioten den Tritt aufs Gaspedal für den Ausdruck ihrer persönlichen Freiheit halten.«

»Das kannst du dem Verkehrsminister erzählen, aber nicht mir«, knurrte Onkel Mac und wollte sich aus dem Zimmer stehlen.

»Hiergeblieben!« fuhr Judy ihn an. »So billig kommst du mir nicht davon. Ich will zumindest wissen, warum du dermaßen dümmlich rumbrummst: *Mit mir nicht!*«

»So, willst du das wissen?« giftete Onkel Mac. »Na, dann hör mal zu! Heute morgen wär ich um ein Haar gegen einen Laternenpfahl geprallt, weil so ein *Idiot von Verkehrserzieher* hier in London Krähenfüße streut.«

»Krähenfüße?«

»Ja, Krähenfüße! Wenn du nicht weißt, was das ist – die Kinder können's dir erklären.«

Rums! die Tür war zu.

»Spinnt der, oder was?« murmelte Judy verdattert.

Granny stellte die Schüssel mit den Bratnudeln auf den Eßtisch und klärte ihre Schwiegertochter in spe auf: »Mit ein bißchen Pech wär er wohl tatsächlich heute morgen verunglückt.«

»Aber dann muß er zu schnell gefahren sein! Wenn im Stadtverkehr ein Reifen platzt, da passiert meines Wissens überhaupt nichts. Da bremst man ab, und die Sache ist erledigt.«

Granny zuckte die Achseln. »Na, ich weiß nicht... So, jetzt setzt euch hin! Und du, Betty, klopf mal bei Onkel Mac und sag ihm, das Essen ist fertig.«

»Immer ich«, moserte Betty und ging den sauren Onkel holen.

Wenn Granny gehofft hatte, ihr Sohn hätte sich mit dem Türknallen abreagiert und sie könnte wenigstens bei Tisch das Thema wechseln, hatte sie sich getäuscht. Onkel Mac wußte im Grunde ganz genau, daß er an seinem Beinah-Unfall mit schuld war. Und gerade deshalb versuchte er mit allen Mitteln, den Schwarzen Peter von sich zu weisen und allein den anderen in die Schuhe zu schieben. Allen anderen, die gegen das Schnellfahren zu Felde zogen.

»Diese Leute...«, schimpfte er, kaum daß er sich die erste Gabel zwischen die Zähne geschoben hatte. »Diese Leute, die solche Flugblätter verfassen und massenhaft verteilen, bringen doch erst solche Hitzköpfe und Terroristen, die anderer Leute Reifen zerstechen, auf die Idee, es den Rasern mal so richtig zu zeigen. Und was kommt dabei raus? Hm? Hast du das nicht in einer deiner zahlreichen Zeitungen gelesen? Einen Schwerverletzten hat es gegeben. Das kommt dabei raus!«

»Einen Schwerverletzten, der nach Erkenntnis der Polizei eindeutig mit überhöhter Geschwindigkeit gefahren ist, jawohl! Weißt du, das ist nicht die feine Art: Was gegen den Schwachsinn deiner angeblichen Argumente spricht, unterschlägst du einfach. Aber bei mir nicht, mein Lieber!«

»Lieber Lieber lieb, piep piep pip!« kreischte Lord Jickledy, dem die Streiterei offenbar als einzigem gefiel.

Als Onkel Mac Luft holte, um Judy mit einem einzigen Wortschwall hinwegzufegen, schlug Granny mit der flachen Hand auf den Tisch. »Schluß jetzt! Wenn ihr euch kabbeln wollt, dann gefälligst nicht am Abendbrottisch!«

Das wirkte. Onkel Mac blies die Luft ungenutzt wieder aus. Lord Jickledy brachte sich auf dem Schrank in Sicherheit. Judy murmelte: »Entschuldige, Granny, aber es gibt eine Art von Blödheit, die kann ich einfach nicht verknusen«. Benny und Buck grinsten sich an. Und Betty dachte: Blöd ist Onkel Mac ja nun wirklich nicht, aber wenn *er* schon einen Zusammenhang zwischen dem Reifenstecher und den BÜRGERN GEGEN DEN VERKEHRSTOD herstellt...

Dieser Gedanke setzte sich in Bettys Computer fest, und als die Drillinge eine Viertelstunde später in ihrem Zimmer beisammen saßen, sprach sie ihn aus: »Echt, überlegt euch das doch mal: Wenn dieser Krähenfuß-Werfer selbst einigermaßen normal denkende Leute wie Onkel Mac dazu bringt, die Bürgerinitiative als 'nen Vorbereitungsclub für Verkehrsterroristen anzusehen, dann ist das ganz schön bescheuert, was der Typ da treibt; von der Unfallgefahr ganz zu schweigen.«

»Du meinst, der Typ torpediert mit seinen Krähenbeinchen die Arbeit von Miss Wings und Co.?« fragte Benny scharfsinnig.

»Exakt. Das heißt...«, Betty guckte ein metertiefes Loch in die Luft und sah Benny an, »wieso reden wir eigentlich immer von *dem* Typ? Es könnte ja auch 'ne Frau sein, oder.«

Benny zuckte die Schultern. »Könnte schon, und?«

»Nur so. Fiel mir grad ein.«

»Und was denkst du dir so? Du hast doch was in deinem Speicher.«

»Ja, also... wenn diese Krähenfußgeschichte tatsächlich die Bürgerinitiative kaputtmachen kann, dann...«

Betty sah Benny an, als hielte sie ihm nach dreimonatiger Fastenzeit ein Kilo Negerküsse unter die Nase. »Dann ...«

Aber Bruder Tarzan verstand wieder mal Bahnhof. »Was dann? Sind wir hier in der Rätselecke, oder was?«

Buck hatte sofort kapiert, worauf seine Schwester hinauswollte. »Das ist doch übertrieben, Betty«, versuchte er sie zu stoppen. »Im Augenblick jedenfalls. Wir sollten erst mal versuchen rauszufinden, ob wirklich noch mehr Leute so denken wie Onkel Mac. Und dazu haben wir bestimmt morgen schon Gelegenheit, wenn wir die Flugblätter verteilen.«

Jetzt platzte Benny der Kragen. »Läuft hier wieder mal das große Geheimgesülze oder was?«

Betty mußte lachen. »Nee, überhaupt nicht, großer Tarzan. Dein Bruder Buck hat nur auf Anhieb gerafft, was ich mir so denk.«

»Und das wäre?«

»Das wäre ganz einfach, daß wir den Krähenfußwerfer ausfindig machen müssen.«

Bennys düstere Miene hellte sich auf wie der Aprilhimmel nach einem Hagelschauer. »Warum sagst du das nicht gleich! Natürlich müssen wir uns den Kerl schnappen. Also, wie gehen wir vor?«

Betty überlegte eine Sekunde, dann nickte sie. »Buck hat recht. Zuerst müssen wir rausfinden, ob die Krähenfußwerferei den BÜRGERN GEGEN DEN VERKEHRSTOD auch wirklich schadet.«

»Was willst du da denn noch rausfinden?« protestierte Benny, den das Fallfieber gepackt hatte. »Die Sache ist doch klar wie Kloßbrühe: Die Leute glauben mit Sicherheit, Miss Wings sticht ihnen die Reifen höchstpersönlich auf.«

»Hör doch auf! So blöd sind die Leute ja nun auch

nicht. Aber sie könnten immerhin meinen, daß eine Bürgerintitiative den Krähenfußwerfer ermutigt. Und das können wir morgen rauszufinden versuchen.«

Hugh, Betty hatte gesprochen.

Benny ärgerte sich zwar über ihre schulmeisterliche Art. Aber was sollte er machen? Der Fall war erst im Anfangsstadium. Es gab noch keinen Gangster, dem er auf eigene Faust nachschleichen konnte. Also trollte er sich und hoffte insgeheim, die Leute würden derart motzen, wenn die Drillinge ihnen morgen nach der Schule die Flugblätter in die Hand drückten, daß Betty noch am selben Tag grünes Licht für den *Fall Krähenfuß* gab.

Ganz so, wie Benny sich das gewünscht hatte, kam es nicht. Aber als sie gleich nach dem Mittagessen auf die Straße rannten und noch vor der Haustür den Passanten die grauen Zettel hinhielten, erlebten sie doch ihr blaues Wunder. Die Leute benahmen sich wie Roboter. Roboter des Typs A, B und C: Typ A streckte im Vorübergehen, ohne die Kinder anzusehen, die Hand aus und stopfte das Flugblatt ungelesen in die Tasche. Typ B warf einen Blick auf die Überschrift und las vielleicht noch die Worte BÜRGER GEGEN..., um den Zettel in den nächsten Papierkorb oder gar auf den Bürgersteig segeln zu lassen. Und Typ C schließlich reagierte statt auf den Text, den ihm die Drillinge aushändigten, auf die Drillinge selbst: »Ihr habt wohl nicht genug Hausaufgaben auf, wie?« oder: »Behaltet eure Werbung, ich hab schon den ganzen Briefkasten voll davon!« oder: »Früher gab es so was nicht. Da haben wir nicht protestiert, da haben wir was gelernt!« oder einfach: »Nein danke!«

Betty, Benny und Buck waren geschockt. Damit hatten sie nicht gerechnet. Entsprechend reagierte Benny. Er begann die Leute anzumachen: »Lesen Sie's ruhig mal! Das kann nicht schaden! Haben Sie Kinder? Schon mal was von Verkehrsunfällen gehört? Eh, du, die Rollschuhe nützen dir auch nichts, wenn jemand bei Rot über die Fußgängerampel fährt.« Aber er erreichte damit nur das Gegenteil. Die Erwachsenen machten einen Bogen um ihn, nahmen das Flugblatt gar nicht erst an oder motzten kräftig zurück. Und die Jugendlichen zeigten ihm den nach oben gestreckten Mittelfinger.

Auch Betty war sauer. »Hör doch auf mit dem Quatsch!« fuhr sie ihren ungeduldigen Bruder an. »Wenn das so leicht wäre, die Leute für die Bürgerinitiative zu gewinnen, brauchten wir hier nicht zu stehen. Denk doch ausnahmsweise mal nach, Mann: Tausende von Flugblättern wollen die verteilen, damit sich ein paar Londoner in Miss Wings' Wohnung treffen. Das heißt doch, wenn wir mit unsern tausend Zetteln auch nur einen einzigen Menschen dazu bewegen können, übermorgen vormittag in die Grove End Road zu fahren, können wir schon froh sein!«

Bennys Frust konnte sie damit nicht vertreiben. Aber immerhin hielt er nun seinen Mund. Und so teilten die drei Bürger-Aktivisten schweigend ihre Flugblätter aus, und wenn ihnen das Desinteresse ihrer Mitmenschen allzu unerträglich wurde, klemmten sie die grauen Blätter einfach unter die Scheibenwischer der parkenden Wagen.

Trotzdem gab es Lichtblicke. Genau zwölf Passanten, denen sie ihren Zettel reichten, reagierten interessiert bis positiv: »Na, das wird auch Zeit, das mal was gegen die Verrohung der Sitten im Straßenverkehr unternommen wird!«, »Tretet der Verwaltung ruhig kräftig auf die Füße!«, »Recht so!« oder gar: »Sonntag morgen? Diese Woche kann ich nicht. Aber die nächste vielleicht.« Und

eine ältere Frau zückte ihr Portemonnaie: »Ihr nehmt doch sicher auch Spenden an!« sagte sie und steckte dem verdatterten Buck eine Pfundnote zu.

Eine heiße Spur

Nachdem die Drillinge ihre tausend Flugblätter verteilt hatten, fühlten sie sich wie erschlagen. Es kam ihnen deshalb nur gelegen, daß Granny sie bei ihrer Rückkehr mit der Nachricht überfiel, der Keller müsse endlich aufgeräumt werden. Kein einziges Glas Eingemachtes könne sie mehr in den Regalen unterbringen. »Und was da alles rumliegt!« schimpfte sie. »Alte Fahrradschläuche, eine Puppe ohne Arme, diverse Spielzeugauto-Wracks, total zerlesene Micky-Maus-Hefte, zwei kaputte Regenschirme, alte Schulhefte, verrostete Schlittschuhe undsoweiter undsofort. Und wißt ihr, wem das ganze Gerümpel gehört, hm? Dreimal dürft ihr raten! Los, ab in den Keller!«

Die Geschwister protestierten zwar pflichtgemäß, machten sich aber, zu Grannys Überraschung, ohne Zögern ans Werk.

Und auch am Samstag nahmen sie dankbar jede Gelegenheit wahr, um nicht an die Flugblatt-Aktion, an die BÜRGER GEGEN DEN VERKEHRSTOD oder den Krähenfuß-Streuer zu denken.

Aber das funktionierte nur bis zum Abend. Als Benny und Buck sich im Bad die Zähne putzten, streckte Betty den Kopf zur Tür herein. »Und daß ihr mir morgen früh nicht verpennt! Das Treffen ist schon um halb zehn.«

»Welches Treffen«, fragte Benny scheinheilig, während

er ein Gewinde in die leere Zahnpastatube drehte. Aber Betty rief nur »Nacht!« und zog die Tür wieder zu. Die Sache war klar: Sie mußten zumindest Bericht erstatten, wie es ihnen beim Flugblattverteilen ergangen war.

Am nächsten Morgen, pünktlich um neun Uhr achtundzwanzig, stiefelten die Drillinge von der Bushaltestelle Ecke Hall Road *(Code 8)* zur Grove End Road 124 hinüber. Eine Viertelstunde später hockten sie bereits als jüngste Mitglieder der BÜRGER GEGEN DEN VERKEHRSTOD auf dem Fußboden in Angela Wings' Arbeitszimmer und stellten fest, daß es den anderen Flugblattverteilern nicht besser ergangen war als ihnen.

»Na ja«, erzählte zum Beispiel eine junge Frau, »als dann jemand zu mir sagte, er würde vielleicht das nächste Mal herkommen, das war schon echt 'n Erfolg für mich.«

Überhaupt fühlten sich die Geschwister im Kreis der knapp dreißig Leute, die sich für die Einführung von Geschwindigkeitsbegrenzungen im Stadtgebiet einsetzen wollten, ausgesprochen wohl. Da wurde nicht um den heißen Brei herumgeredet. Jeder sagte seine Meinung, wie ihm der Schnabel gewachsen war. Und die Vorschläge, die gemacht wurden, waren konkret und teilweise echt originell. Ein Physiklehrer wollte zum Beispiel seine Kollegen an anderen Schulen ansprechen, damit mehrere Klassen in verschiedenen Gegenden Londons Geschwindigkeitsmessungen durchführen sollten – als Teil des Unterrichts zum Thema Geschwindigkeit: Messungen mit Stoppuhr und Sichtzeichen, deren Ergebnisse anschließend gesammelt und gemeinsam ausgewertet werden müßten, um sie der Stadtverwaltung und dem Verkehrsministerium mitzuteilen. Eine Sozialarbeiterin, die auch zum ersten Mal an der Runde teilnahm, schlug vor, an einem bestimmten Tag überall dort, wo im vergangenen Jahr ein Kind im Straßenverkehr verunglückt war, Mahnwachen aufzustellen und Flugblätter zu verteilen. Und ein Liedermacher sagte, er wolle versuchen, eine Plattenfirma zu finden, die bereit wäre, eine Musikkassette für Kinder und Eltern mit Liedern gegen das Rasen zu produzieren.

Buck fand das Treffen so aufregend, daß er schon zum zweiten Mal innerhalb von zwanzig Minuten aufs Klo rannte. Und diesmal wurde es dadurch noch aufregender. Als er nämlich eben die Toilettentür hinter sich zugezogen hatte und ins Arbeitszimmer zurückgehen wollte, hörte er eine Stimme aus der Küche. Das mußte Angela Wings sein: Sie redete so eindringlich auf jemand ein, daß Buck unwillkürlich stehenblieb und lauschte.

»Ich bin sicher«, sagte Miss Wings, »daß Della zumindest damit zu tun hat. So fanatisch wie die seit der Sache geworden ist, trau ich ihr alles zu.«

»Dann müssen wir mit ihr reden«, erwiderte der Mann, mit dem Angela Wings sprach.

»Hab ich doch längst versucht. Die läßt nicht mit sich reden. Sobald das Wort *Raser* fällt, sieht sie rot. Und wenn du ihr sagst, wir brauchen einen langen Atem, und ohne einen gewissen Grad an Kompromißbereitschaft erreichen wir überhaupt nichts, dann läßt sie dich einfach stehen. Tja, so ist das.«

Buck wollte schon weitergehen, da sagte der Mann: »Und du glaubst wirklich, sie würde auch vor einem Verbrechen nicht zurückschrecken?«

»Leider ja.«

»Hm, das ist natürlich ein Problem. Auch für uns. Die Sache schadet uns jetzt schon in der Öffentlichkeit. Aber wenn deine Befürchtung zutrifft und es wird bekannt, daß ein Mitglied unserer Bürgerinitiative... Das wäre nicht auszudenken – zumal ja nun wirklich 99 Prozent unserer Mitglieder absolut für *gewaltfreie* Methoden zur Durchsetzung unserer Forderungen eintreten.«

»Wem sagst du das... Und was sollen wir jetzt machen?«

»Wir sollten offen darüber sprechen.«

»Hier? In dem Kreis? Unmöglich!«

»Aber wieso denn? Das geht uns doch alle an.«

»Das schon. Aber wie ich die Della kenne: Wenn die sich in die Enge getrieben fühlt – und das fühlt sie sich bestimmt, wenn wir sie sozusagen öffentlich anklagen –, dann garantiere ich für nichts. Dann macht sie dicht, rennt raus und schlägt noch ganz anders zu als bisher. Immer vorausgesetzt, ich tue ihr nicht unrecht und sie hat tatsächlich mit der Sache zu tun.«

Die beiden schwiegen. Buck wagte sich nicht zu rühren. Das Wort *Krähenfüße* war zwar nicht gefallen, aber er hatte die ganze Zeit daran denken müssen. Vielleicht irrte er sich ja, aber möglich war es schon, daß Angela Wings und ihr Gesprächspartner das Reifenstechen meinten, wenn sie von einem *Verbrechen* sprachen.

»Komm«, sagte Miss Wings, »gehen wir wieder rüber, sonst fällt ihr noch auf, daß wir zusammen draußen waren. Seit ich sie auf die Sache angesprochen habe, beäugt sie mich sowieso mit Argusaugen.«

Buck wurde es heiß: Das hieß doch, daß diese Della auch auf der Versammlung war! Schnell huschte er in die Toilette, drückte die Spülung und wusch sich ausgiebig die Hände. Dann ging er mit klopfendem Herzen zurück ins Arbeitszimmer.

»Na, Brüderchen, mußtest du vor lauter Aufregung die Pampers wechseln?« empfing Benny seinen Bruder.

Aber Buck hörte gar nicht hin. So unauffällig wie möglich musterte er die anwesenden Frauen. Bis auf zwei ältere Damen mochten sie alle zwischen zwanzig und vierzig Jahre alt sein. Sah eine von ihnen fanatisch aus? Nein. Hatte sich eine in der bisherigen Diskussion fanatisch geäußert? Nein.

So kam Buck nicht weiter. Hilfesuchend sah er zu seiner Schwester hinüber. Aber die war im Augenblick nicht ansprechbar. Angela Wings las nämlich gerade die von ihr vorgeschlagene Änderung des Flugblatts vor: *liebe Kinder...* Und als – »Ja! Richtig! Gute Idee!« – das Lob der Anwesenden auf Betty niederprasselte, hätte sie selbst die Nachricht, daß Onkel Mac zum Polizeipräsidenten befördert sei, nicht erreicht.

Also mußte Buck selber sehen, wie es in Sachen Della weiterging.

»Della«, sagte Miss Wings, und Buck starrte die kleine, unauffällige Frau an, die mit traurigem Gesichtsausdruck am Boden neben der Tür hockte.

»Della, du wolltest doch mit den Gewerkschaftern von der Konservenfabrik in der Dunton Road *(zwischen Code 162 und 175)* sprechen. Ist was dabei rausgekommen?«

Das Gesicht der Frau hellte sich auf. Sie schien größer zu werden, so straffte sich ihr Körper, und ihre Augen blitzten, als sie antwortete: »Ja, die Kollegen sind einverstanden. Die Unterschriftslisten werden im Betrieb verteilt. Aber dazu muß ich sie erst mal formulieren und tippen und so. Ich bin keine Sekretärin, wenn mir da jemand helfen könnte, das wär nicht schlecht.«

Was in den nächsten drei Sekunden mit Buck geschah, läßt sich kaum beschreiben. Ihm brach der Schweiß aus, als hätte ihn jemand im Skianzug in die Sauna gesteckt.

Sein Herz klopfte, als wollte es aus dem Zimmer hüpfen, und sein Großhirn brüllte pausenlos »Nein nein nein nein!« Trotzdem hob Buck die Hand. Wie in der Schule. Und mit zitternder Stimme, aber laut und deutlich rief er: »Ich mach mit. Und meine Geschwister auch.«

»Super!« sagte Miss Wings, und Della sah Buck an und nickte ihm – wieder mit diesem traurigen Gesichtsausdruck – zu: »Okay, nachher sag ich euch, wo wir uns treffen können.«

Betty und Benny saßen da wie vom Donner gerührt. Was war in Buck gefahren? Hatte er auf dem Klo heimlich Action-Wasser getrunken? Und während sie ihn noch staunend anglotzten, begann ihr Bruder seinen gleichermaßen spontanen wie mutigen Alleingang zu feiern. Innerlich zu feiern. Spitze, Buck! lobte er sich in Gedanken. Was Benny kann, kannst du schon lange!

Als Miss Wings um halb eins die Sitzung geschlossen hatte, sprach Della Buck an: »Ich bin die Della. Della Webb. Wenn ihr könnt, dann treffen wir uns doch morgen schon.«

Buck nickte, und Betty und Benny nickten auch.

»Okay, sagen wir um halb vier nachmittags? Ich wohne in der Howland Street 71, also ziemlich am Ende, zur Tottenham Court Road hin *(bei Code 35)*. Wißt ihr, wo das ist?«

Ein erneutes dreifaches Nicken machte den Treff perfekt.

»Na, dann bis morgen. Ich hoffe, ihr könnt besser Schreibmaschine schreiben als ich!«

»Bis morgen! Bye!« riefen die Drillinge Della Webb nach, als sie abrupt aus dem Zimmer stürmte.

»Na, ihr steigt ja voll ein!« freute sich Angela Wings, die die Verabredung mitbekommen hatte. Und als Betty nach draußen drängte und Benny und Buck sich ihr anschlossen, winkte sie ihnen freudig nach: »Grüßt mir eure Lehrerin, ja? Und sagt ihr, sie soll mich mal anrufen!«

»Wird gemacht!« rief Benny und stolperte hinter Betty her, die es nicht eilig genug haben konnte.

Kaum wußte sich Betty außer Hörweite von Miss Wings, legte sie los: »Mensch, Buck, mach's nicht so spannend! Ist irgendwas? Nun sag schon!«

Buck genoß sichtlich seinen Wissens- und Handlungsvorsprung. Er zählte seelenruhig die nächsten zwanzig Stufen und ließ sich noch einmal bitten: »Eh, was ist? Nun rück schon raus mit der Sprache!«

»Was soll schon sein? Ich hab 'ne heiße Spur, weiter nichts.«

Das Gesicht, das Benny nach dieser Enthüllung machte, hätte Buck am liebsten fotografiert, um es sich für alle Ewigkeit übers Bett zu hängen: Benny staunte, daß ihm die Augen aus dem Kopf zu fallen drohten. »Eine *heiße* Spur? Echt?«

»Ja«, sagte Buck und spurtete in bester Benny-Manier auf die Haltestelle zu: »Da kommt 'n Bus. Wenn wir rennen, kriegen wir ihn noch!«

Im Bus endlich legte Buck seine Karten auf den Tisch. Länger konnte er seine Geschwister nicht mehr hinhalten, ohne Gefahr zu laufen, sie gründlich zu verärgern. Er setzte die wichtigtuerischste Miene auf, zu der er fähig war, und erzählte den beiden, was er auf dem Flur gehört hatte.

»Die ist das!« war Bennys einziger Kommentar. »Hast recht gehabt, Computerlady, der Krähenfußtyp ist 'ne Frau.«

»Nun mal langsam!« widersprach Betty. Ihre Portion

Lob hatte sie schon weg. Jetzt konnte sie wieder, frei von Eitelkeit, logisch denken. »Natürlich *kann* sie es sein. Aber alles, was Miss Wings gesagt hat, paßt – jedenfalls so, wie Buck es geschildert hat – auch auf zehn andere sogenannte Verbrechen.«

»Und die wären?« fragte Benny wie aus der Pistole geschossen, denn die Idee, daß die unscheinbare Frau mit dem traurigen Gesichtsausdruck die Täterin sein könnte, faszinierte ihn irgendwie.

Betty zuckte die Achseln. »Was weiß ich. Jedenfalls dürfen wir Della Webb nicht einfach gleich für schuldig halten. Das wäre nicht nur verfrüht, sondern auch unfair.«

»Okay, okay«, lenkte Benny ein. »Warten wir's ab.«

Ein Bild mit Trauerflor

Die Drillinge konnten den kommenden Nachmittag kaum erwarten. Die Hausaufgaben schmierten sie hin, als wollten sie den Weltrekord in unlesbarem Steno brechen. Und dann waren sie zu früh fertig! Vierzehn Uhr fünfzehn war es erst – noch über eine Stunde bis zum Treff.

»Wir können ja zu Fuß gehen!« schlug Buck in Superlaune vor; offensichtlich zehrte er immer noch von seinem gestrigen Erfolg.

»Zu Fuß!« motzte Benny.

Aber Betty stimmte Buck zu: »Hier rumzusitzen hab ich auch keine Lust. Außerdem denkt sich's im Gehen besser.«

Damit war die Sache entschieden, auch wenn es kaum etwas zu denken gab. Höchstens zu spekulieren. Wie sollten die drei Hobbydetektive herausbekommen, ob Della Webb tatsächlich jene *Mrs. X* war, die frühmorgens heimkehrenden Autofahrern das Fürchten lehrte? Fragen konnten sie sie schwerlich. Und beschatten auch nicht. Wenn sie wirklich die Krähenfüße streute, dann trieb sie ihr Unwesen nachts. Und sich zur Schlafenszeit fortzuschleichen, das war selbst bei den fallerprobten Buff-Geschwistern die absolute Ausnahme, zu der sie sich nur dann entschieden, wenn es absolut nicht anders ging.

Bei diesen und ähnlichen Überlegungen verflog die Zeit wie im Flug, und eh die drei sich's versahen, überquerten sie schon den Portland Place *(kurz vor Code 48)*.

Das Haus, in dem Della Webb wohnte, hatte dringend einen Anstrich nötig. Handgroße Placken abgeblätterter Farbe gaben den Blick auf zurückliegende Jahrhunderte frei: Unter dem faden Grün, mit dem das Haus Anfang der fünfziger Jahre überzogen worden war, kamen die Überreste der grauen, der beigen und der rosa Tünche zum Vorschein, die einst die Wände geschmückt hatten. Und im Treppenhaus roch es so muffig, als wäre zuletzt am dreiunddreißigsten Geburtstag von Charly Chaplin gelüftet worden.

Aber dann öffnete Della Webb den Geschwistern die Tür, und sie betraten eine andere Welt: Durch die Fenster der modern und zweckmäßig eingerichteten Dreizimmerwohnung grüßte die Spitze des nahen Post Office Tower, und die vielen Grünpflanzen, die an den Wänden rankten, gaben den hohen Räumen fast etwas Erholsames.

»Setzt euch!« forderte Della die Drillinge auf und stellte drei Gläser und eine Flasche Limo auf den Couchtisch.

Selten zuvor hatten Betty, Benny und Buck derart

gemischte Gefühle gehabt. Alle drei spürten sie das unerklärliche Bedürfnis, die junge Frau zu trösten. Und gleichzeitig belauerten sie sie mit kriminalistisch geschärftem Blick: Sollte Della Webb wirklich fähig sein, unschuldige Autofahrer willentlich und gezielt in Lebensgefahr zu bringen?

Della spürte die Anspannung, unter der die Drillinge standen. Aber sie deutete sie falsch. Lächelnd sagte sie: »Na, ich glaub, ihr könnt es kaum abwarten, euch an die Arbeit zu machen. Dann hol ich mal die Schreibmaschine. – Oder nein, erst müssen wir uns ja den Text für die Listen ausdenken.«

Aus einem Fach in der Schrankwand nahm sie einen Schreibblock und einen Kugelschreiber und reichte beides Buck. »Willst du aufschreiben, was wir zusammenbasteln?«

Buck nickte und legte sich den Block auf die Knie.

»Also, habt ihr 'ne Idee? Ach so, ihr wißt ja noch gar nicht, worum es genau geht... Ja, also... äh... wir wollen Unterschriften sammeln. Getrennt nach Stadtbezirken, in denen die Arbeiter und Angestellten wohnen. Also müssen wir Listen schreiben für London Südwest, London Süd, London Südost undsoweiter. Und möglichst viele Unterschriften wollen wir für die Bezirke zusammenbekommen, in denen viele Kinder leben... Ja, leben...«

Ist die Frau konfus! dachte Benny, und Betty hatte den Eindruck, Della müsse die Tränen unterdrücken, die ihr bei dem Wort *leben* zu kommen drohten.

»Also Unterschriften...«, fuhr Della Webb fort, »Unterschriften für die Einrichtung von Spielstraßen.«

»Gleich für Spielstraßen?« fragte Betty. »Ist das nicht ein bißchen viel gefordert? Ich meine...«

»Viel, ha!« Dellas Augen funkelten. »Das mindeste müßte das sein! Aber ich weiß, was du sagen willst: Die Stadtverwaltung baut lieber neue Parkplätze, wo jetzt Spielplätze sind, und deshalb wär es doch taktisch klüger, nur ein paar Geschwindigkeitsbegrenzungen zu fordern, anstatt wirklich verkehrsberuhigte Zonen, wie es sie in anderen Ländern schon gibt. Das meinst du doch, oder?«

Betty nickte. Sie war fasziniert, ja, fast ein wenig erschrocken von der Wandlung, die mit Della Webb vor sich ging, und sie dachte: Fanatisch, hat Buck gesagt. Ja, die Frau ist fanatisch!

»Vor zwei Wochen haben wir genau darüber in der Grove End Road diskutiert und uns entschlossen, Maximalforderungen zu stellen. Und weißt du, warum?«

Bettys Computer lief auf Hochtouren. Weil ..., wollte sie sagen, doch Della ließ sie nicht zu Wort kommen.

»Weil wir dann ebenso wie die Verwaltung Verhandlungsspielraum haben«, beantwortete sie selbst ihre Frage. »Die Leute von der Stadt können dann sagen: Spielstraßen? Völlig unmöglich! Und wir können weiter bei unserer Forderung bleiben. Erst einmal, verstehst du? Wir können ihr sogar Nachdruck verleihen. Mit neuen Unterschriften. Und wenn wir nicht lockerlassen, dann können die vom Verkehrsamt irgendwann nicht mehr bei ihrem Nein bleiben. Aber ja können sie auch nicht sagen. Also, was liegt nahe? Sie machen einen Kompromißvorschlag. Und wir auch. Sie bieten Geschwindigkeitsbegrenzungen auf 20 Meilen an, wir auf 10 Meilen, und irgendwo in der Mitte trifft man sich dann. Verstehst du? Wenn wir gleich ein Tempolimit von 20 Meilen fordern, dann sagen sie nein, und wir haben unser Pulver verschossen. Also: Spielstraßen her! heißt deshalb die Devise.«

Della Webb hatte Flecken an Hals und Wangen, als sie sich ein Glas aus der Vitrine holte und sich Limo eingoß.

Nimmt *die* das mit! dachte Betty und war gleichzeitig beeindruckt: Bei der Power, die die Frau in die Sache investiert, muß ja was rauskommen. An die Krähenfüße dachte sie nicht mehr.

Auch die Jungen hatten den kriminalistischen Hintergrund ihres Kommens vergessen. Und als Della Webb sie zum zweiten Mal fragte: »Na, habt ihr eine Idee, was wir auf die Listen schreiben könnten?«, brachten sie ihre kleinen grauen Männchen unterm Scheitel dermaßen auf Trab, daß nicht nur eine, sondern ein ganzer Sack voll Ideen dabei herauskam.

Buck schrieb die Vorschläge in Feiertagsschrift untereinander und las sie vor. Dann wurde diskutiert, und eine halbe Stunde später waren die verschiedenen Fassungen zu einem Text verschmolzen, der sich sehen lassen konnte.

Ich finde es unzumutbar, daß mein Kind nicht im Freien spielen kann, ohne Gefahr zu laufen, überfahren zu werden.
Deshalb fordere ich, daß alle Straßen in meinem Wohnviertel, die nicht vom Durchgangsverkehr befahren werden, zu Spielstraßen umgestaltet werden, in denen die Autos Schrittempo fahren und die Kinder ungefährdet spielen können.
Als Autofahrer/in bin ich bereit, für die Sicherheit der Kinder Geschwindigkeitsbeschränkungen in Kauf zu nehmen.
Name, Anschrift, Datum, Unterschrift

»So, und jetzt die Schreibmaschine!« Die Flecken in ihrem Gesicht waren in dem Rot aufgegangen, in dem Della inzwischen erglühte. Mehr und mehr hatte sie sich in die Arbeit an dem Listentext verbissen, hatte laut denkend eine Formulierung nach der anderen verändert, verworfen, neu ausprobiert, mit den Kindern besprochen.

Als sie hinausging, um die Schreibmaschine zu holen, sahen Benny und Betty ihren Bruder Buck an: Benny, weil er glaubte, Buck würde das Maschineschreiben übernehmen – schließlich hatte er sich ja dazu gemeldet –, und Betty, weil sie ihm sagen wollte: Na, dann laß dir mal was einfallen, tippen können wir alle drei nicht besser als chinesisch jodeln.

Buck brauchte sich nichts einfallen zu lassen. Als hätte sie vergessen, daß sie die Drillinge als Sekretärs-Trio engagiert hatte, stellte Della Webb die Maschine vor sich auf den Couchtisch, spannte einen Bogen ein und hackte drauflos.

Die kann doch super schreiben! dachte Buck überrascht. Warum hat sie uns dann herbestellt?

Betty mußte niesen und durchsuchte ihre Jeans nach einem Taschentuch. Vergeblich. Hatschi! Hatschi! Was war ihr da bloß in die Nase geraten? Der Staub aus der selten benutzten Schreibmaschine?

Hatschi! Das Niesen konnte selbst Della Webb nicht überhören. »Brauchst du ein Taschentuch?« fragte sie Betty, ohne aufzublicken.

»Ja, wär nicht... hatschi... wär nicht schlecht.«

»In der Küche liegen welche. Wenn du reinkommst, links, in der zweiten Schublade von oben.“

»Danke!« Betty ging in die Küche – und vergaß das Taschentuch. Ein etwa sechsjähriges Mädchen lächelte sie an. Das heißt das Foto eines Mädchens, das neben

einem hübschen alten Küchenschrank in einem braunschwarzen Rahmen steckte. Aber nicht das Mädchen machte Betty stutzig und versetzte ihren Computer in Aktion. Es war der Trauerflor. Genau so ein Trauerflor, wie ihn Grannys Freundin Mrs. Pliggerby am Rahmen eines Fotos befestigt hatte, das ihren Mann zeigte: in Uniform als Soldat im letzten Krieg. Mrs. Pliggerbys Mann war 1945 in Deutschland gefallen.

Das Mädchen ist tot, sagte sich Betty, und sie konnte den Blick nicht von dem lächelnden Kind wenden, das so fröhlich und pfiffig in die Küche guckte. Und dieses Mädchen sollte nicht mehr leben?

Betty spürte, daß sie Zeit brauchte, um die Gedanken zu ordnen, die sich in ihrem Kopf überschlugen. Sie ahnte etwas, aber sie konnte es noch nicht fassen, noch nicht auf den Punkt bringen. Ganz automatisch ging sie ins Bad, verriegelte die Tür hinter sich und setzte sich auf den Klodeckel. Ich muß sie fragen, dachte sie immer wieder. Ich muß Della Webb fragen, ob sie eine Tochter hat. Eine Tochter *hatte*. Nein! Das geht doch nicht! Das ist unmöglich! Aber ich muß sie fragen!

Betty war aufgeregt. Doch als sie wieder auf den Flur hinaustrat und ins Wohnzimmer ging, wurde sie, wie immer, wenn es darauf ankam, ruhig. Beinahe kühl sah sie Della an, die eben ein zweites Blatt in die Maschine spannte und *Wohnbezirk London Südwest* in die rechte obere Ecke schrieb. Buck saß, über den Couchtisch gebeugt, vor dem ersten, bereits getippten Exemplar und zog mit Lineal und Geodreieck die Linien für die Reihen und Spalten, in die die Namen und Adressen eingetragen werden sollten. Benny blätterte in einer Illustrierten.

»Na, gefunden?« fragte Della Webb, wieder ohne von ihrer Arbeit aufzublicken.

»Ja«, sagte Betty, »danke«. Und sie wurde doch wieder nervös. Hier stand sie keinem Gangster gegenüber. Das war keine Situation, in der sie ihre oder die Haut ihrer Brüder retten mußte. Hier ging es darum, eine Frau nicht zu verletzen, die ihr Kind verloren zu haben und schrecklich darunter zu leiden schien.

»Schön, daß ihr hier seid«, sagte Della Webb unvermittelt in das Schreibmaschinengeklapper.

Benny ließ die Zeitschrift sinken. *Schön,* daß ihr hier seid... Das klang so *traurig*!

Sie weint, dachte Betty, bevor sie die Tränen in den Augen der Frau sah. Jetzt wußte sie, daß sie nicht mehr nach dem Mädchen auf dem Foto zu fragen brauchte. Und auch der Gedanke, der ihr im Bad gekommen war und den sie sich in seiner ganzen Klarheit nicht auszumalen getraut hatte, stand nun wie eine Tatsache vor ihrem geistigen Auge: Della Webbs Tochter ist überfahren worden, und dafür rächt sich Della jetzt. *Sie* streut die Krähenfüße.

Betty empfand keinerlei Entspannung oder gar Freude bei dieser Erkenntnis, mit der sie doch immerhin eine Täterin gefunden hatte. Das detektivische Ergebnis spielte für sie keine Rolle mehr. Nur eins war noch wichtig: Wie kann ich, wie können wir der Frau helfen?

Betty fiel ein, was Buck berichtet hatte: Selbst Miss Wings, die Della Webb offensichtlich besser kannte als die Drillinge, hatte nur erreicht, daß Della dichtmachte, als sie sie auf die Krähenfuß-Geschichte angesprochen hatte. Nein, auch wenn es darum ging, weitere Attentate mit möglicherweise schlimmen Folgen zu verhindern, überstürzen durfte Betty jetzt nichts.

Schön, daß ihr hier seid... hatte Della Webb gesagt, und das meinte sie auch so. Sie muß schrecklich einsam sein, dachte Betty. Und sie hatte das Gefühl, zu der Frau an der Schreibmaschine hinübergehen zu müssen, sie in den Arm zu nehmen und ihr zuzuflüstern: Wir sind auch gern hier, und wir bleiben hier.

Della Webb zog das Blatt aus der Maschine und reichte es Buck. »Wenn du magst, nimm's mit und mach's zu Hause fertig. Du kannst es mir dann am Sonntag zum Treff mitbringen. Ich muß jetzt los. Ich hab noch eine Verabredung.«

Sie will zum Friedhof, dachte Betty und ärgerte sich gleich darauf über sich selbst: Hör auf, Betty Buff! Spinn jetzt nicht! Du mußt jetzt klar denken. Glasklar.

Ein heilsamer Schock

Ohne ein Wort darüber zu verlieren, gingen die Drillinge zu Fuß in die Craven Road zurück. Betty erzählte ihren Brüdern von dem Foto und fügte laut denkend die verschiedenen Mosaiksteinchen zu einem Bild des Falls zusammen, in dem Della Webb Krähenfüße auf Londons Straßen streute.

Benny und Buck stimmten ihrer Schwester zu: Ja, alles spricht dafür, daß die kleine traurige Frau für die Attentate auf nächtliche Autofahrer verantwortlich ist. Trotzdem wunderte sich Buck über Bettys Bereitschaft, Indizien und Vermutungen als hinreichende Beweise gelten zu lassen. Aber er sagte nichts dazu.

Die Fußgängerampel in der Marylebone High Street *(Code 62)* sprang auf Rot, und die Drillinge blieben am Straßenrand stehen.

»Und?« fragte Betty. »Habt ihr 'ne Idee?«

Buck ließ seine Schuhsohle über einen weggeworfenen Lutscherstiel rollen. Vor und zurück, vor und zurück. Dann sagte er wie zu sich selbst: »Wir müssen sie irgendwie davon überzeugen, daß das Schwachsinn ist, was sie treibt.«

»Überzeugen...« Benny tippte sich an die Stirn. »Du hast doch selbst erzählt, was Miss Wings gesagt hat: Die dreht ab, sobald du auch nur was von 'nem Reifenpiekser flüsterst.«

»Wir brauchen ja nichts zu *sagen*«, murmelte Buck.

Betty horchte auf. »Wie meinst du das?«

»Ich weiß nicht, das ist nur so 'ne... so 'ne Ahnung...«

»Egal, sag mal!«

»Na ja, eben weil sie so sauer reagiert, wenn man sie auf die Sache anspricht... Wir müßten irgendwas machen, was inszenieren... irgendwas, wodurch sie von selbst mit dem Blödsinn aufhört.«

»Grün!« sagte Benny und marschierte los.

»Paß auf!« Betty riß ihn zurück, und das Motorrad, das hinter einem viel zu nah am Fußgängerübergang parkenden Laster hervorschoß, jagte eine Handbreit vor Benny über den Zebrastreifen.

»Idiot!« brüllte Benny dem Motorradfahrer nach. Dann drehte er sich zu Betty um. »Danke, Schwesterherz!«

Betty schaute nach rechts, ob nicht noch ein blinder Verkehrsteilnehmer seine PS-Schleuder als Geschoß mißbrauchte, und ging weiter. Sie spürte deutlich, daß Bennys Beinahunfall sie der Lösung des Problems ganz nah gebracht hatte.

Dann hatte sie sie gefunden.

»Das ist es!« teilte sie ihren staunenden Brüdern strahlend mit, nachdem sie die Straße überquert hatten.

»Das ist es: Mit ihren Krähenfüßen bringt sie Benny um. Nein, nicht Benny. Mich!«

Benny war drauf und dran, Betty für verrückt zu erklären. Aber er hielt brav den Mund. Schließlich kannte er seine Schwester. Also sagte er nur: »Kannst du das vielleicht 'n bißchen erläutern? Ich meine, du willst die Krähenbeinchen doch nicht schlucken, oder?«

Nein, das wollte Betty nicht. Aber die Idee, die sie Benny und Buck nun erläuterte, war nicht weniger sensationell...

Die drei bogen schon in die Craven Road ein, als Buck anerkennend nickte: »Superplan! Er hat nur einen Fehler: Wir müssen mitten in der Nacht zu Hause abhauen.«

»Wieso ist das 'n Fehler?« ereiferte sich Benny. »In so 'nem Fall ist das ja wohl mal drin, oder?«

Betty sagte nichts dazu. Sie dachte nur: Wenn wir sicher sein könnten, daß unser Plan klappt, dann wär ich auch dafür, daß wir es riskieren. Wenn...

Kurz darauf stiefelten die drei die Treppe zum ersten Stock des Hauses Craven Road 48 hoch.

Granny empfing sie mit Süßsauer-Miene. »Und, was habt ihr zu eurer Entschuldigung vorzubringen?«

»Entschuldigung? Wieso?«

»Tja, da hört doch alles auf! Da kommt die Bande ohne Vorankündigung zwanzig Minuten zu spät zum Fünfuhrtee und fragt auch noch, *wofür* sie sich entschuldigen soll!«

»Ach so, klar, sorry!« murmelte Buck stellvertretend für seine Geschwister. An Grannys nachmittägliches Toastbrot-Familienkränzchen hatten sie nun wirklich nicht gedacht.

»Sorry!« äffte Granny ihren Enkel nach. »Das hilft euch jetzt auch nicht mehr. Wärt ihr pünktlich gewesen, hättet ihr nämlich ausnahmsweise zur diesjährigen Mitternachtsvorstellung des Universitätstheaters gedurft. Tja, vorbei ist vorbei.«

»Was? Wie? Mitternacht?« brüllten die Drillinge durcheinander, und Lord Jickledy krähte dazu: »Mitter mitter, bitter bitter, Nacht kracht.«

Granny genoß sichtlich die Rache, die sie für die Mißachtung der geheiligten Teestunde nehmen konnte. Mit spitzem Unterton dozierte sie: »Bettys Freundin Carol hat angerufen. Wie ihr ja wohl wißt, ist ihr Vater Universitätsprofessor. Aber was ihr vielleicht nicht wißt: Nebenbei leitet er das Studententheater. Tja, und zum Theater-Jahresfest, das traditionell mit einer einstündigen Aufführung um Mitternacht gefeiert wird, wollte Carol euch einladen. Es ist nämlich das erste Mal, daß sie daran teilneh... Halt! Betty! Wo willst du... Was machst du denn?«

Betty war ins Wohnzimmer gestürzt, als müßte sie einen Hornissenschwarm abschütteln. Und als Granny kopfschüttelnd um die Ecke spähte, blätterte sie bereits mit ungewöhnlicher Hast im Telefonbuch: Pom, Pram, Prim. Professor James Prim, das ist er!

Ihr Finger flog nur so über die Tasten, als sie Carols Nummer wählte. »Hallo? Carol, bist du's? – – Ach, so. Ja, äh, Mrs. Prim, unsere Granny hat uns gesagt, daß Carol uns zu dem Theaterfest einladen wollte. Also: Wir können!«

Benny und Buck standen mit offenem Mund da und starrten den Telefonhörer an, als würden sie auf diese Weise verstehen, was Carols Mutter am anderen Ende der Leitung sagte.

Betty nickte. »Mmm. Ja. – – Gut. – – Ja. – – Danke!«

»Und? Was ist? Klappt es?«

»Hoffentlich.«

»Wie, hoffentlich?«

»Carol fragt jetzt zwei Mädchen aus der Nachbarschaft. Zwei Schwestern, glaub ich. Wenn die nicht mitdürfen, dann haben wir noch 'ne Chance.«

»Also, nun sagt mal, wieso...«, versuchte sich Granny in die Krisensitzung einzumischen. Aber da schrillte das Telefon, und bevor die überraschte Großmutter auch nur einen Schritt tun konnte, war Betty schon an der Strippe: »Hallo Carol! – – Echt? – – Super! – – Ja. – – Klar! Gern! – – Okay, um Viertel nach elf.«

Betty knallte den Hörer auf und machte einen olympiareifen Luftsprung. »Es klappt! Carol und ihr Vater holen uns ab!«

»Ehrlich? Heute nacht?« fragte Buck, und ein bißchen klang das so, als wollte er sagen: Ich hätte ja lieber noch ein paar Tage Zeit gehabt, um mich auf den Coup einzustellen.

»Ihr könntet ja wenigstens Dankeschön sagen«, murmelte Granny. »Schließlich habe ich...«

Wieder wurde sie unterbrochen. Diesmal aber nicht vom Telefon, sondern von drei Enkelkindern, die ihr vor übermütiger Freude die Seele aus dem Leib zu drücken drohten. Das heißt, zwei von ihnen drückten so kräftig. Der dritte machte nur halbherzig mit...

»Danke, danke, danke für den Dank!« lachte die bedrängte Granny und versuchte, sich aus den stürmischen Umarmungen zu befreien. »Nein, wirklich, geht ihr nun so gern ins Theater, oder findet ihr es so toll, daß ihr mal nachts weg dürft?«

»Beides, Grannylein, beides!« schnurrte Benny und gab der liebsten aller Großmütter einen dicken Wangenschmatzer.

Zwei Schlachtplan-Konferenzen hielten die drei Anti-Krähenfüßler noch ab, und fünfmal versuchten sie – leider vergeblich – Carol heimlich anzurufen, dann läutete ihre Klassenkameradin an der Haustür, und die Geschwister stürmten mit einem »Bye, Granny! Schlaf gut!« die Treppe hinunter.

Carol wollte sich wieder neben ihren Vater setzen, aber Betty zog sie zur hinteren Wagentür und flüsterte ihr dabei ins Ohr: »Ich muß dir was sagen.«

So konnte Buck auf den Vordersitz huschen und den Herrn Professor und Laienspiel-Regisseur in eine angeregte Diskussion verwickeln: über das Theaterspielen an sich und über die studentische Theatergruppe im besonderen.

In aller Eile setzte Betty derweil auf dem Rücksitz Carol auseinander, daß sie ihre Hilfe brauchten: Niemand dürfe erfahren, daß sie *nicht* aufs Theaterfest gehen würden, sondern…

Ganz wohl war Carol zwar nicht dabei, das Geheimnis der Drillinge zu decken. Aber als Betty ihr klarmachte, daß es möglicherweise um Menschenleben ging, versprach sie doch mitzuspielen und war sogar stolz darauf, den drei Hobby-Scotland-Yardlern assistieren zu dürfen.

Noch auf dem Weg zur Aula der *University of London* verabschiedete sich Carols Vater von den Kindern: »Also dann, bis nachher! Jetzt muß ich erst mal zu meinen Studenten!«

Carol ging mit dem Besucherstrom weiter Richtung Garderobe, und die Drillinge sausten los. »So long, Carol! Alles paletti!«

Von der Universität *(zwischen Code 36 und 49)* bis zur Howland Road war es ein Katzensprung. Aber Betty, Benny und Buck sprangen nicht, sie rannten! Wie die

Weltmeister. Als gelte es zu beweisen, daß die bisherigen Spitzensportler zur Gattung der Westeuropäischen City-Schnecke gehörten. Sie rannten so schnell, daß Buck nicht mit einem Wort dazu kam, seine Bedenken zu wiederholen: Wie unwahrscheinlich es doch sei, daß Della Webb ausgerechnet in dieser Nacht – und dann so früh – auf Autoreifen-Jagd ginge. Und daß, und daß, und daß...

Total außer Atem erreichte Benny vierzig Meter vor seinen Geschwistern die Howland Street. Die Tottenham Court Road hatte er im besten Rennkaninchen-Superslalom *(bei Code 35)* bei Rot überquert, und als die Ampel umsprang und für den Fußgängerübergang in der Howland Street ebenfalls Rot zeigte, stürmte er einfach weiter – geradewegs vor einen undefinierbaren japanischen Flitzer, dessen Fahrer sich im Blitzstart übte. Anhalten konnte Benny nicht mehr. Als der Wagen mit quietschenden Bremsen auf ihn zuschlingerte, spurtete er einfach weiter. Dabei sah er sich um – wie ein Zuschauer seines eigenen Leichtsinns.

Wahrscheinlich war es diese Kopfdrehung, dieses gedankliche Verharren mitten im rettenden Endspurt, das Benny straucheln ließ. Den Kopf wie eine angeschossene Ente vorgestreckt, versuchte er drei, vier, fünf Schritte lang das Gleichgewicht zu halten. Dann stolperte er über den Kantstein der Verkehrsinsel in der Fahrbahnmitte und schlug der Länge nach auf dem Rasenstreifen hin.

Betty und Buck hörten das Reifenquietschen und sahen den Sportwagen auf Benny zuschlittern, Benny mit rudernden Armen aus der Gefahrenzone hechten und vom aufrechten Gang in die Horizontale wechseln.

»Mann, das war knapp!« keuchte Buck, und Betty schimpfte: »So'n Blödmann! Wenn der weiter wie'n angeschossener Pavian durch die Gegend tobt, können wir unseren Plan gleich vergessen!«

Aber sie schimpfte nicht allein. Noch jemand machte seinem Ärger Luft – nur, daß dieser Ärger nicht Benny galt, sondern dem Autofahrer, der längst mit seinem Flitzer in der Tottenham Court Road verschwunden war. »Verbrecher!« schrillte eine Frauenstimme über die Straße! »Verdammte Verbrecher!«

Obwohl diese Ausrufe kaum den Lärmpegel der stark befahrenen Citystraße übertönten, schaute Betty zu den Fenstern an der gegenüberliegenden Straßenseite hoch: Die Stimme kannte sie doch... Ja: Della Webb! Betty konnte gerade noch erkennen, wie die Frau, deretwegen Benny sich zu seinem Leichtsinn hatte hinreißen lassen, das Fenster im ersten Stock schloß und die Gardine zuzog.

Sofort setzte sie ihren Computer in Gang: Hat Della Benny erkannt? Nein. Die Lastwagenkolonne auf der anderen Straßenseite nimmt ihr den Blick auf den Mittelstreifen. Hat sie schon aus dem Fenster geschaut, bevor Benny über die Straße rannte und ihn deshalb also gesehen? Unwahrscheinlich. Das Reifenquietschen wird sie veranlaßt haben, auf die Straße zu gucken. Und was geht jetzt in ihr vor? Aufgeregt wird sie sein – und voller Haß. (Vorausgesetzt, unsere Grundannahme stimmt.)

Fast war Betty ihrem verkehrsblinden Bruder dankbar, als sie nach vorschriftsmäßigem Trab über den Zebrastreifen Benny erreichte und mit ihm – und schließlich auch Buck – vom Eingang eines Feinkostladens aus zu Della Webbs Haustür hinüberäugte: Je mehr sich Della über die Autofahrer aufregte, desto besser...

Nur zehn Minuten mußten die Drillinge neben dem mit Käse, Rotwein, Pilzen und Heidelbeeren bestückten

Minischaufenster warten, dann trat Della auf die Straße. Steif wie ein Standbild starrte sie auf die Lichter der vorbeirauschenden Autos, bis sie sich einen Ruck zu geben schien und mit weit ausgreifenden Schritten auf die Great Portland Street *(Code 48)* zueilte. Und die Buff-Geschwister hinterher; immer bereit, hinter einen parkenden Wagen zu springen oder in einen Hauseingang zu huschen.

Schon nach 150 Metern war eine kombinierte Husch- und Sprungaktion angesagt: Della Webb blieb plötzlich stehen, schaute nach links, schaute nach rechts, hastete über die Howland Street und verschwand, ohne sich noch einmal umzublicken, in einer unscheinbaren Nebenstraße, die die Howland Street mit der Goodge Street verbindet.*

Die Drillinge brauchten sich nicht abzusprechen. Sobald Della aus ihrem Blickfeld verschwunden war, kamen sie aus ihren Verstecken hervor und liefen – nicht ohne sorgfältig auf den Verkehr zu achten – ebenfalls über die Straße.

Die Gasse, in die Della Webb eingetaucht war, wirkte wie ausgestorben: Nicht ein Schaufenster war beleuchtet, und außer zwei betrunkenen Punks, die Arm in Arm auf die Howland Street zuschwankten, hatte sich keine Menschenseele in die Düsternis der nur für den Anliegerverkehr erlaubten Querstraße verirrt – abgesehen von Della und den Buff-Geschwistern, versteht sich.

Wie Indianer auf der Bärenjagd schlichen Betty, Benny und Buck hinter Della her: gebückt, auf Zehenspitzen

* Weder die Nebenstraße noch die Goodge Street haben die Drillinge mit einer Codenummer versehen. Trotzdem lassen sich beide Straßen leicht auf dem Stadtplan finden.

und mit bubbernden Herzen. Hatten sie richtig kombiniert? Und ging ihre Rechnung auf?

Betty sah auf die Uhr. Noch lagen sie gut in der Zeit. Noch. Wenn Della aber vorhatte, bis an die Themse zu marschieren, mußten sie ihre Aktion abbrechen.

Nein, Della wollte nicht zur Themse. Auf halbem Weg zur Goodge Street blieb sie stehen. Zack – die Geschwister gingen auf Tauchstation.

Unter der Vorderachse eines am Straßenrand abgestellten Gemüselasters hindurch beobachtete Betty Della Webb: Sie schaute nach rechts, schaute nach links, steckte die Hand in die Manteltasche, sah sich um und trat in den Hauseingang hinter sich.

Will sie jemand besuchen? fragte sich Betty enttäuscht, da huschte ein flimmernder Schatten von der Fassade, vor der sie Della eben noch gesehen hatte, auf die Straße.

Krähenfüße! schoß es Betty durch den Kopf. Sie wirft Krähenfüße! Und in Gedanken hörte sie das silbrigfeine Klirren, mit dem die Dreizacknägel auf den Asphalt rieselten.

Jetzt war keine Zeit mehr zu verlieren – und trotzdem hieß es: warten. Auf den Zufall warten, der ein Auto durch diese vermaledeite Schlafstraße fahren ließ, die sich Della für ihren spätabendlichen Racheakt ausgesucht hatte. Aussuchen mußte. Denn die Hauptstraßen waren um diese Zeit noch zu belebt, die Gefahr, entdeckt zu werden, zu groß.

Noch ein Schatten flog auf die Straße. Und noch einer. Verdammt gründlich, die Frau, dachte Betty.

»Was ist denn? Du mußt näher ran!« zischte Benny hinter ihr.

»Wieso näher ran?« zischte Betty zurück. »Es kommt eh nur 'n Auto in Frage, das von der Goodge Street her kommt. Und bis der Reifen so platt ist, daß es ins Schleudern gerät, das dauert. Nee nee, hier ist der ideale Standort.«

»Sie kommt zurück!« flüsterte Buck aufgeregt.

Benny wollte gerade nach bester Onkel-Mac-Manier losfluchen, da verschwand Della erneut in einem Hauseingang. Aber nicht um Krähenfüße zu werfen! Ebenso wie die Drillinge hatte auch sie das Aufheulen des Automotors gehört, der den mit Standlicht aus einer Parklücke am südlichen Ende der Straße hervorschießenden Porsche in Sekundenschnelle auf gut 80 km/h beschleunigte. 80 km/h in dieser kleinen Straße!

Betty hielt die Luft an. Das war der Wagen, den sie brauchten! Achtung – jetzt bretterte er über den Nagelwald. Und jetzt kam er ins Schleudern. Und bremste ab. Und schlingerte auf den Laster zu. Und am Laster und an den Drillingen vorbei. Und kam zehn Meter weiter zum Stehen.

»Los, raus!« zischte Benny.

Das hätte er sich sparen können. Exakt so, wie sie es besprochen hatten, rannte Betty gebückt um den Lastwagen herum und legte sich auf die Straße. Und dann schrie sie. Laut und deutlich: »Au! Ah! Mein Bein!« Genau so, wie sie geschrien hatte, als sie damals den Dudelsack-Spion ablenken wollte.*

Benny und Buck blieben, ebenfalls wie geplant, in ihren Verstecken. Buck war vor Spannung übel. Klappt es? Kann sie sie schocken? fragte er sich immer wieder und spähte angestrengt zum Ort des vorgetäuschten Unfalls hin.

* In der SCOTLAND-YARD-Geschichte »Dudelsack-Diebe« aus dem Band »Reis für Manila«.

Als erster war der Porschefahrer bei Betty. »Hab ich dich angefahren? Bist du verletzt?« fragte er sie, während er neben ihr kniete und ihr die Hand unter den Kopf schob.

»Hat der 'ne Fahne«, dachte Betty. »Der ist ja echt blau.« Und dabei spähte sie aus den Augenwinkeln die Straße hinauf in die Richtung, aus der sie Della erwartete.

»Bist du verletzt?« fragte der Mann noch einmal, und Betty hörte, wie seine Stimme zitterte.

»Ich weiß nicht«, flüsterte sie, um Zeit zu gewinnen. Wo blieb denn nur diese Della? Hatte sie ihren Aufschrei nicht gehört? – – Da! Das ist sie! Endlich!

Noch im Laufen schrie Della Webb den Fahrer an: »Sie Mörder, Sie! In so 'ner Straße so zu jagen!«

Der Mann sagte nichts. Offensichtlich hatte er keine Ahnung, warum ihm ein Reifen geplatzt war.

Betty brach der Schweiß aus. Noch fünf Schritte, dann war Della bei ihr. Dann würde sie sie erkennen. Jetzt kam es darauf an. Jedes Wort war jetzt wichtig. Jede Bewegung. Jeder Blick. Noch zwei Schritte. Noch einer.

»Betty!« Della Webb fiel fast zu Boden. Fiel fast auf Betty. Sie faßte ihre Hand und sah sie aus flackernden, ungläubig aufgerissenen Augen an und stammelte: »Mein Gott, Betty, das darf doch... das...«

»Ist auch nicht«, sagte Betty hastig und doch klar. Dann zog sie ihre Hand zurück, ging in die Hocke und blickte Della in die Augen. »Aber ich *könnte* jetzt tot sein.«

Della Webb warf den Kopf herum und blitzte den Porschefahrer an, der total verunsichert auf dem Asphalt kniete und nicht wußte, was er von der Szene halten sollte.

»Sie... Sie...«, fauchte Della, aber Betty packte ihren Arm und schüttelte ihn.

»Nein, Della, der Fahrer wär nicht schuld. Der wär nicht ins Schleudern gekommen, wenn Sie nicht ...« Sie unterbrach sich und suchte wieder Dellas Blick. Und dann sagte sie den Satz, den sie in der Craven Road mit ihren Brüdern geübt hatte, den sie auf Band gesprochen und vergangenen Abend wieder und wieder abgehört hatte. Den Satz, auf den es ankam: »Ihre Tochter wurde von einem Autofahrer umgebracht. Wollen *Sie* jetzt auch ein Kind umbringen?«

Della Webb wurde blaß. Das sah Betty selbst bei der fahlen Straßenbeleuchtung. Sie wollte etwas sagen. Wollte Betty festhalten. Und gleichzeitig schossen ihr die Tränen in die Augen.

Und Betty? Sie wollte sich festhalten lassen. Wollte ihrerseits Della halten. Halten und trösten. Aber sie riß sich los. Sie hielt sich an die Abmachung: Ein Schock sollte es sein. Ein heilsamer Schock. Mitleid war jetzt fehl am Platz. Betty sprang auf und rannte los: am Porsche vorbei, auf die Howland Street zu. Und Benny und Buck rannten hinter ihr her.

Sie liefen, bis sie nicht mehr konnten. Bis vor den Haupteingang der Universität. Dort standen sie schließlich schwer atmend, den Rücken gegen den sprücheverzierten Putz gelehnt.

»Super! Absolut spitzenmäßig, Betty!« keuchte Benny und klopfte seiner Schwester anerkennend auf die Schulter.

Betty sah auf die Uhr und sagte, als berühre sie der Fall Della Webb nicht mehr als ein Hagelschauer am Titicacasee: »Ich glaub, wir können sogar noch in die Vorstellung gehen.«

Bennys Gesicht nahm die Form eines überdimensionalen Fragezeichens an. »Was ist denn nun los? Willst du als Lady Coolness ins Guiness-Buch der Rekorde, oder was?«

»Ach, laß mich!«

»Ich laß dich nicht. Nun komm schon, was ist?«

Betty mußte weinen. Ob es die Anspannung war, die sich zu lösen begann, oder das Mitleid mit Della, sie wußte es nicht. Erst als Buck leise und einfühlsam fragte: »Hast du Zweifel? Ich mein ... bist du dir nicht sicher, ob das mit dem Schock das richtige war?«, konnte sie wieder einen Gedanken fassen. Sie wischte sich die Tränen aus den Augen und sagte leise: »Doch, ich glaub schon.«

Buck nickte. »Ich auch.«

»Ehrlich?«

»Ehrlich!«

Betty umarmte Buck und drückte ihn so kräftig, daß er aufstöhnte: »Hilfe, ich krieg keine Luft!«

»Und ich?« protestierte Benny. »Ich mein, wer drückt mich?«

»Komm her, großer Bruder!« lachte Betty, und dann standen sie da, die Arme um die Schultern und die Köpfe lachend zusammengesteckt wie Volleyballer nach einem heiß erkämpften Turniersieg: Wir haben's gepackt, wir haben der Della deutlich gemacht, was für'n Wahnsinn sie da treibt. Wir haben den Fall geklärt und den Täter kuriert!

»Und wenn der Porschefahrer jetzt schnallt, was Sache ist, und sie anzeigt?« murmelte Buck mit einem Mal.

Benny sah ihn entgeistert an. »O Mann! Was Besseres fällt dir wohl nicht ein, hm?«

»Das hab ich mich auch gefragt«, antwortete Betty ihrem Bruder Buck. »Okay, kann sein, daß er sie anzeigt. Dann muß sie vor Gericht. Und wahrscheinlich wird sie auch bestraft. Wegen Körperverletzung oder so. Aber trotzdem: Sie *hätte* auch noch jemand umbringen können.«

Buck nickte, und Benny nickte auch.

Betty nahm die Hände von den Schultern der Jungen, sah einen nach dem andern an und sagte leise: »Wißt ihr, was mich noch mehr beunruhigt? Daß der Schock *innerlich* nicht wirkt. Oder sogar falsch wirkt.«

»*Innerlich?*« fragten die beiden wie aus einem Munde.

»Ja. Daß sie jetzt erst recht nicht von ihrem Haß wegkommt.«

Darauf wußten weder Buck noch Benny etwas zu sagen.

Doch schon beim nächsten Sonntagstreff der BÜRGER GEGEN DEN VERKEHRSTOD konnten die drei erleichtert feststellen, daß Bettys Befürchtung unnötig gewesen war: Beinahe fröhlich saß Della Webb in der Runde ihrer auf Gewaltlosigkeit schwörenden Mitstreiter. Und als sie anschließend mit den Geschwistern die Treppe hinunterstieg, gab sie feierlich allen dreien die Hand und sagte nicht ohne Rührung: »Danke. Ihr habt es geschafft, daß ich endlich trauern konnte. Drei Tage und Nächte habe ich geheult, dann war es vorbei. Traurig bin ich immer noch, das ist klar. Aber dafür hasse ich niemand mehr.«

Benny wußte vor Verlegenheit nicht, wo er hinsehen sollte. Aber dann fragte Della die drei, ob sie Lust auf ein Eis hätten.

Benny blinzelte sie an, schaute sie an, grinste sie an und lachte: »Mit Vergnügen – aber Vorsicht: Eis eß ich kiloweise!«

In der Serie »Scotland Yard« sind als weitere Bände erschienen:

Die Stimme aus dem Untergrund
Die Kanonenvilla
Reis für Manila
Tote Ratten im Kanal

CIP-Titelaufnahme der Deutschen Bibliothek

Pauls, Wolfgang:
Scotland Yard / erzählt von Wolfgang Pauls. –
Ravensburg: Maier.
Bd. 4. Die Ausserirdischen: zwei Detektivgeschichten mit Betty, Benny und Buck Buff. – 1990
ISBN 3-473-34613-6

Originalausgabe

Umschlagillustration: Karin Lechler

Gesamtherstellung: Mohndruck, Gütersloh
Printed in Germany

5 4 3 2 1 94 93 92 91 90

ISBN 3-473-34613-6